박영훈 선생님의

생각하는 초등연산

◇ 당신은 언제나 옳습니다. 그대의 삶을 응원합니다. – 라의눈출판그룹

박영훈 선생님의

생각하는 초등연산 5권

초판 1쇄 | 2023년 3월 15일

지은이 | 박영훈
펴낸이 | 설응도　편집주간 | 안은주
영업책임 | 민경업　디자인 | 박성진

펴낸곳 | 라의눈

출판등록 | 2014년 1월 13일(제2019-000228호)
주소 | 서울시 강남구 테헤란로78길 14-12(대치동) 동영빌딩 4층
전화 | 02-466-1283　팩스 | 02-466-1301

문의(e-mail)　편집 | editor@eyeofra.co.kr
영업마케팅 | marketing@eyeofra.co.kr
경영지원 | management@eyeofra.co.kr

ISBN 979-11-92151-50-2 64410
ISBN 979-11-92151-06-9 64410(세트)

박영훈 선생님의

생각하는 초등연산

★ 박영훈 지음 ★

5권

3학년 1학기

라의눈

<생각하는 연산>을 지도하는 선생님과 학부모님께

수학의 기초는 '계산'일까요, 아니면 '연산'일까요? 계산과 연산은 어떻게 다를까요?

54+39=93

$$\begin{array}{r} \boxed{1} \\ 54 \\ +\,39 \\ \hline 93 \end{array}$$

이 덧셈의 답만 구하는 것은 계산입니다. 단순화된 계산절차를 기계적으로 따르면 쉽게 답을 얻습니다.
반면 '연산'은 93이라는 답이 나오는 과정에 주목합니다. 4와 9를 더한 13에서 1과 3을 왜 각각 구별해야 하는지, 왜 올려 쓰고 내려 써야 하는지 이해하는 것입니다. 절차를 무작정 따르지 않고, 그 절차를 스스로 생각하여 만드는 것이 바로 연산입니다.

$$\begin{array}{r} \boxed{1} \\ 13 \\ \times\quad 5 \\ \hline 65 \end{array}$$

덧셈의 원리를 이렇게 이해하면 뺄셈과 곱셈으로 그리고 나눗셈까지 차례로 확장할 수 있습니다. 수학 공부의 참모습은 이런 것입니다. 형성된 개념을 토대로 새로운 개념을 하나씩 쌓아가는 것이 수학의 본질이니까요. 당연히 생각할 시간이 필요하고, 그래서 '느린 수학'입니다. 그렇게 얻은 수학의 지식과 개념은 완벽하게 내면화되어 다음 단계로 이어지거나 쉽게 응용할 수 있습니다.
그러나 왜 그런지 모른 채 절차 외우기에만 열중했다면, 그 후에도 계속 외워야 하고 응용도 별개로 외워야 합니다. 그러다 지치거나 기억의 한계 때문에 잊어버릴 수밖에 없어 포기하는 상황에 놓이게 되겠죠.

아이가 연산문제에서 자꾸 실수를 하나요? 그래서 각 페이지마다 숫자만 빼곡히 이삼십 개의 계산 문제를 늘어놓은 문제지를 풀게 하고, 심지어 시계까지 동원해 아이들을 압박하는 것은 아닌가요? 그것은 교육(education)이 아닌 훈련(training)입니다. 빨리 정확하게 계산하는 것을 목표로 하는 숨 막히는 훈련의 결과는 다음과 같은 심각한 부작용을 가져옵니다.

첫째, 아이가 스스로 생각할 수 있는 능력을 포기하게 됩니다.

둘째, 의미도 모른 채 제시된 절차를 기계적으로 따르기만 하였기에 수학에서 가장 중요한 연결하는 사고를 할 수 없게 됩니다.
셋째, 결국 다른 사람에게 의존하는 수동적 존재로 전락합니다.

빨리 정확하게 계산하는 것보다 중요한 것은 왜 그런지 원리를 이해하는 것이고, 그것이 바로 연산입니다. 계산기는 있지만 연산기가 없는 이유를 이해하시겠죠. 계산은 기계가 할 수 있지만, 생각하고 이해해야 하는 연산은 사람만 할 수 있습니다. 그래서 연산은 수학입니다. 계산이 아닌 연산 학습은 왜 그런지에 대한 이해가 핵심이므로 굳이 외우지 않아도 헷갈리는 법이 없고 틀릴 수가 없습니다.

수학의 기초는 '계산'이 아니라 '연산'입니다

'연산'이라 쓰고 '계산'만 반복하는 지루하고 재미없는 훈련은 이제 멈추어야 합니다.
태어날 때부터 자적 호기심이 충만한 아이들은 당연히 생각하는 것을 즐거워합니다. 타고난 아이들의 생각이 계속 무럭무럭 자라날 수 있도록 『생각하는 초등연산』은 처음부터 끝까지 세심하게 설계되어 있습니다. 각각의 문제마다 아이가 '생각'할 수 있게끔 자극을 주기 위해 나름의 깊은 의도가 들어 있습니다. 아이 스스로 하나씩 원리를 깨우칠 수 있도록 문제의 구성이 정교하게 이루어졌다는 것입니다. 이를 위해서는 앞의 문제가 그 다음 문제의 단서가 되어야겠기에, 밑바탕에는 자연스럽게 인지학습심리학 이론으로 무장했습니다.

이렇게 구성된 『생각하는 초등연산』의 문제 하나를 풀이하는 것은 등산로에 놓여 있는 계단 하나를 오르는 것에 비유할 수 있습니다. 계단 하나를 오르면 스스로 다음 계단을 오를 수 있고, 그렇게 계단을 하나씩 올라설 때마다 새로운 것이 보이고 더 멀리 보이듯, 마침내는 꼭대기에 올라서면 거대한 연산의 맥락을 이해할 수 있게 됩니다. 높은 산의 정상에 올라 사칙연산의 개념을 한눈에 조망할 수 있게 되는 것이죠. 그렇게 아이 스스로 연산의 원리를 발견하고 규칙을 만들 수 있는 능력을 기르는 것이 『생각하는 초등연산』이 추구하는 교육입니다.

연산의 중요성은 아무리 강조해도 지나치지 않습니다. 연산은 이후에 펼쳐지는 수학의 맥락과 개념을 이해하는 기초이며 동시에 사고가 본질이자 핵심인 수학의 한 분야입니다. 이제 계산은 빠르고 정확해야 한다는 구시대적 고정관념에서 벗어나서, 아이가 혼자 생각하고 스스로 답을 찾아내도록 기다려 주세요. 처음엔 느린 듯하지만, 스스로 찾아낸 해답은 고등학교 수학 학습을 마무리할 때까지 흔들리지 않는 튼튼한 기반이 되어줄 겁니다. 그것이 느린 것처럼 보이지만 오히려 빠른 길임을 우리 어른들은 경험적으로 잘 알고 있습니다.

시험문제 풀이에서 빠른 계산이 필요하다는 주장은 수학에 대한 무지에서 비롯되었으니, 이에 현혹되는 선생님과 학생들이 더 이상 나오지 않았으면 하는 바람을 담아 『생각하는 초등연산』을 세상에 내놓았습니다. 인스턴트가 아닌 유기농 식품과 같다고나 할까요. 아무쪼록 산수가 아닌 수학을 배우고자 하는 아이들에게 『생각하는 초등연산』이 진정한 의미의 연산 학습 도우미가 되기를 바랍니다.

박영훈

박영훈 선생님의

생각하는 초등연산

이 책만의 특징과 구성

이 책만의 특징 01

'계산' 말고 '연산'!

수학을 잘하려면 '계산' 말고 '연산'을 잘해야 합니다. 많은 사람들이 오해하는 것처럼 빨리 정확히 계산하기 위해 연산을 배우는 것이 아닙니다. 연산은 수학의 구조와 원리를 이해하는 시작점입니다. 연산 학습에도 이해력, 문제해결능력, 추론능력이 핵심요소입니다. 계산을 빨리 정확하게 하기 위한 기능의 습득은 수학이 아니고, 연산 그 자체가 수학입니다. 그래서 『생각하는 초등연산』은 '계산'이 아니라 '연산'을 가르칩니다.

이 책만의 특징 02

스스로 원리를 발견하고, 개념을 확장하는 연산

다른 계산학습서와 다르지 않게 보인다고요? 제시된 절차를 외워 생각하지 않고 기계적으로 반복하여 빠른 답을 구하도록 강요하는 계산학습서와는 비교할 수 없습니다.

이 책으로 공부할 땐 절대로 문제 순서를 바꾸면 안 됩니다. 생각의 흐름에는 순서가 있고, 이 책의 문제 배열은 그 흐름에 맞추었기 때문이죠. 문제마다 깊은 의도가 숨어 있고, 앞의 문제는 다음 문제의 단서이기도 합니다. 순서대로 문제풀이를 하다보면 스스로 원리를 깨우쳐 자연스럽게 이해하고 개념을 확장할 수 있습니다. 인지학습심리학은 그래서 필요합니다. 1번부터 차례로 차근차근 풀게 해주세요.

이 책만의 특징

03

게임처럼 재미있는 연산

게임도 결국 문제를 해결하는 것입니다. 시간 가는 줄 모르고 게임에 몰두하는 것은 재미있기 때문이죠. 왜 재미있을까요? 화면에 펼쳐진 게임 장면을 자신이 스스로 해결할 수 있다고 여겨 도전하고 성취감을 맛보기 때문입니다. 타고난 지적 호기심을 충족시킬 만큼 생각하게 만드는 것이죠. 그렇게 아이는 원래 생각할 수 있고 능동적으로 문제 해결을 좋아하는 지적인 존재입니다.

아이들이 연산공부를 하기 싫어하나요? 그것은 아이들 잘못이 아닙니다. 빠른 속도로 정확한 답을 위해 기계적인 반복을 강요하는 계산연습이 지루하고 재미없는 것은 당연합니다. 인지심리학을 토대로 구성한『생각하는 초등연산』의 문제들은 게임과 같습니다. 한 문제 안에서도 조금씩 다른 변화를 넣어 호기심을 자극하고 생각하도록 하였습니다. 게임처럼 스스로 발견하는 재미를 만끽할 수 있는 연산 교육 프로그램입니다.

이 책만의 특징

04

교사와 학부모를 위한 '교사용 해설'

이 문제를 통해 무엇을 가르치려 할까요? 문제와 문제 사이에는 어떤 연관이 있을까요? 아이는 이 문제를 해결하며 어떤 생각을 할까요? 교사와 학부모는 이 문제에서 어떤 것을 강조하고 아이의 어떤 반응을 기대할까요?

이 모든 질문에 대한 전문가의 답이 각 챕터별로 '교사용 해설'에 들어 있습니다. 또한 각 문제의 하단에 문제의 출제 의도와 교수법을 담았습니다. 수학전공자가 아닌 학부모 혹은 교사가 전문가처럼 아이를 지도할 수 있는 친절하고도 흥미진진한 안내서 역할을 해줄 것입니다.

이 책만의 특징

05

선생님을 가르치는 선생님, 박영훈!

이 책을 집필한 박영훈 선생님은 2만 명의 초등교사를 가르친 '선생님의 선생님'입니다. 180만 부라는 경이로운 판매를 기록한 베스트셀러『기적의 유아수학』의 저자이기도 합니다. 이 책은, 잘못된 연산 공부가 수학을 재미없는 학문으로 인식하게 하고 마침내 수포자를 만드는 현실에서, 연산의 참모습을 보여주고 진정한 의미의 연산학습 도우미가 되기를 바라는 마음으로, 12년간 현장의 선생님들과 함께 양팔을 걷어붙이고 심혈을 기울여 집필한 책입니다.

박영훈 선생님의

생각하는 초등연산

차례

1 덧셈의 완성

뺄셈의 완성

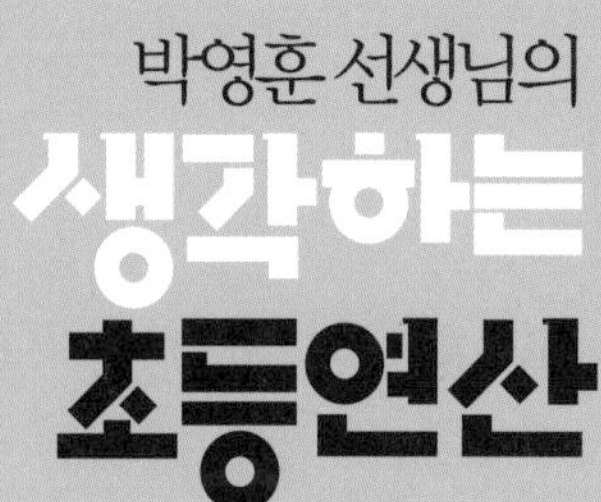

박영훈의 생각하는 연산이란?

계산 문제집과 『박영훈의 생각하는 연산』의 차이

	기존 계산 문제집	박영훈의 생각하는 연산
수학 vs. 산수	수학이 없다. 계산 기능만 있다.	연산도 수학이다. 생각해야 한다.
교육 vs. 훈련	교육이 없다. 훈련만 있다.	연산은 훈련이 아닌 교육이다.
교육원리 vs, 맹목적 반복	교육원리가 없다. 기계적인 반복 연습만 있다.	교육적 원리에 따라 사고를 자극하는 활동이 제시되어 있다.
사람 vs. 기계	사람이 없다. 싸구려 계산기로 만든다.	우리 아이는 생각할 수 있는 지적인 존재다.
한국인 필자 vs. 일본 계산문제집 모방	필자가 없다. 옛날 일본에서 수입된 학습지 형태 그대로이다.	수학교육 전문가와 초등교사들의 연구모임에서 집필했다.

계산문제집의 역사

초등학교에서 계산이 중시되었던 유래는 백여 년 전 일제 강점기로 거슬러 올라갑니다. 당시 일제의 교육목표는, 국민학교(당시 초등학교)를 졸업하자마자 상점이나 공장에서 취업할 수 있도록 간단한 계산능력을 기르는 것이었습니다.
이후 보통교육이 중등학교까지 확대되지만, 경쟁률이 높아지면서 시험을 위한 계산 기능이 강조될 수밖에 없었습니다.
이에 발맞추어 구몬과 같은 일본의 계산 문제집들이 수입되었고, 우리 아이들은 무한히 반복되는 기계적인 계산 훈련을 지금까지 강요당하게 된 것입니다. 빠르고 정확한 '계산'과 '수학'이 무관함에도 어른들의 무지로 인해 21세기인 지금도 계속되는 안타까운 현실이 아닐 수 없습니다.
이제는 이런 악습에서 벗어나 OECD 회원국의 자녀로 태어난 우리 아이들에게 계산 기능의 훈련이 아닌 수학으로서의 연산 교육을 제공해야 하지 않을까요?

박영훈 선생님의
생각하는 초등연산
개념 MAP

수 세기
- 5까지의 수 세기
- 9까지의 수 세기
- 10 이상의 수 세기

유치원

덧셈기호와 뺄셈기호의 도입

『생각하는 초등연산』 1권

수 세기에 의한 덧셈과 뺄셈
받아올림과 받아내림을 수 세기로 도입

『생각하는 초등연산』 2권

두 자리 수의 덧셈과 뺄셈 1
세로셈 도입

『생각하는 초등연산』 2권

두 자리 수의 덧셈과 뺄셈 2
받아올림과 받아내림을 세로셈으로 도입

『생각하는 초등연산』 3권

세 자리 수의 덧셈과 뺄셈 (덧셈과 뺄셈의 완성)

『생각하는 초등연산』 5권

곱셈기호의 도입
동수누가에 의한 덧셈의 확장으로 곱셈 도입

『생각하는 초등연산』 4권

곱셈구구의 완성
동수누가에 의한 덧셈의 확장으로 곱셈 도입

『생각하는 초등연산』 4권

두 자리수의 곱셈
분배법칙의 적용

『생각하는 초등연산』 6권

두 자리수 곱셈의 완성

『생각하는 초등연산』 7권

나눗셈기호의 도입
곱셈구구에서 곱셈의 역에 의한 나눗셈 도입

『생각하는 초등연산』 6권

나머지가 있는 나눗셈

『생각하는 초등연산』 6권

몫이 두 자리 수인 나눗셈

『생각하는 초등연산』 7권

곱셈과 나눗셈의 완성

『생각하는 초등연산』 8권

사칙연산의 완성
혼합계산

『생각하는 초등연산』 8권

덧셈의 **완성**

1 일차 두 자리 수 덧셈

✎ 공부한 날짜 월 일

문제 1 | □ 안에 알맞은 수를 넣으시오.

(1)

```
   1 9
 + 2 5
 ─────
 [  ] ← [ ] + [ ]
   3 0 ← [ ] + [ ]
 ─────
 [  ]
```

(2)

```
   2 7
 + 3 6
 ─────
   1 3 ← [ ] + [ ]
 [  ] ← [ ] + [ ]
 ─────
 [  ]
```

(3)

```
   3 7
 + 8 1
 ─────
     8 ← [ ] + [ ]
 [  ] ← [ ] + [ ]
 ─────
 [  ]
```

(4)

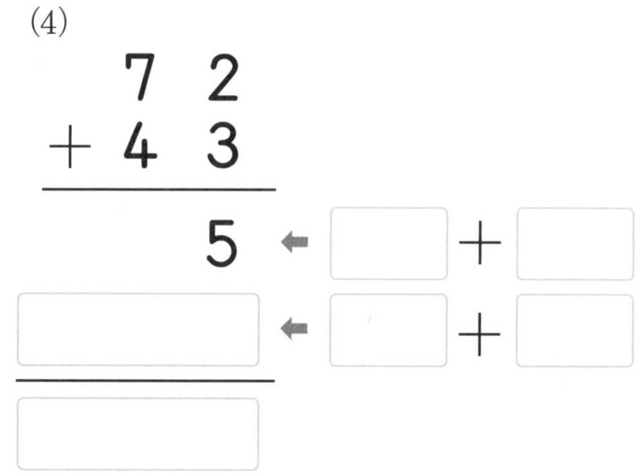

```
   7 2
 + 4 3
 ─────
     5 ← [ ] + [ ]
 [  ] ← [ ] + [ ]
 ─────
 [  ]
```

문제 1 2학년에서 배웠던 두 자리 수의 덧셈은 받아올림이라는 표준 알고리즘의 습득이 핵심이며, 3학년의 세 자리 수 이상의 덧셈의 기초다. 세로식으로 주어진 두 자리 수의 덧셈에서 일의 자리끼리 더한 값이 십의 자리로 받아올림 되는 과정을 빈 칸의 숫자를 채워 넣으며 복습한다.

(5)

$$\begin{array}{r} 68 \\ +\ 73 \\ \hline \end{array}$$

□ ⬅ □ + □

□ ⬅ □ + □

□

(6)

$$\begin{array}{r} 84 \\ +\ 79 \\ \hline \end{array}$$

□

문제 2 | 다음을 계산하시오.

(1)

$$\begin{array}{r} 75 \\ +\ 18 \\ \hline \end{array}$$

(2)

$$\begin{array}{r} 28 \\ +\ 44 \\ \hline \end{array}$$

(3)

$$\begin{array}{r} 36 \\ +\ 29 \\ \hline \end{array}$$

(4)

$$\begin{array}{r} 92 \\ +\ 50 \\ \hline \end{array}$$

(5)

$$\begin{array}{r} 81 \\ +\ 72 \\ \hline \end{array}$$

(6)

$$\begin{array}{r} 63 \\ +\ 55 \\ \hline \end{array}$$

문제 2 문제 1에서 단계별로 익힌 두 자리 수 덧셈 과정을 세로식으로 빠르게 실행하는 문제다. 틀린 답이 있다면 실수에 의한 것인지, 알고리즘 이해 부족 때문인지를 판별해야 한다. 실수에 의한 것이라면 지나치게 빠른 계산을 강요하지 않도록 하고, 알고리즘의 이해의 부족이라면 3권을 다시 반복하도록 지도해야 한다. 시간은 충분하다. 그래서 이 책은 『느린 수학』 시리즈다.

(7)
$$\begin{array}{r} 5\ 2 \\ +\ 6\ 9 \\ \hline \end{array}$$

(8)
$$\begin{array}{r} 8\ 3 \\ +\ 4\ 7 \\ \hline \end{array}$$

(9)
$$\begin{array}{r} 6\ 8 \\ +\ 7\ 3 \\ \hline \end{array}$$

(10)
$$\begin{array}{r} 9\ 5 \\ +\ 1\ 5 \\ \hline \end{array}$$

(11)
$$\begin{array}{r} 4\ 9 \\ +\ 6\ 9 \\ \hline \end{array}$$

(12)
$$\begin{array}{r} 7\ 4 \\ +\ 5\ 6 \\ \hline \end{array}$$

초등학교 덧셈과 뺄셈의 연속성

3학년 1학기의 〈덧셈과 뺄셈의 완성〉은 두 자리 수의 덧셈과 뺄셈에서 익혔던 표준 알고리즘을 세 자리 이상의 수로 확장하여 덧셈과 뺄셈을 마무리하는 것을 목표로 한다.

이와 같은 교육과정의 구성은 사실 작위적이며 언제든 줄이거나 늘릴 수도 있다. 2009년 교육과정 이전에는 2학년 2학기와 3학년 2학기에도 덧셈과 뺄셈 단원이 있었지만, 학습량 감축 정책에 의해 2학년에는 덧셈과 뺄셈 단원을 생략하고 한 학기 이후인 3학년 1학기에 다시 덧셈과 뺄셈 단원을 포함했다.

그러므로 여기서 중요한 것은 교육과정을 무작정 그대로 따르는 것이 아니라 아이의 덧셈과 뺄셈 능력이 단절되지 않게 학습할 수 있도록 하는 것에 초점을 두어야 한다. 다시 말하면, 3학년에서 세 자리 이상의 수에 대한 덧셈과 뺄셈의 학습 이전에 받아올림과 받아내림의 표준 알고리즘 개념이 형성되었는지를 확인하는 것이 중요하다.

이를 위해 5권 〈덧셈과 뺄셈의 완성〉에서의 첫 내용은 3권(2학년 1학기)의 〈두 자리 수의 덧셈과 뺄셈〉을 다시 복습하는 기회를 제공하도록 구성하였다. 이는 2학년 2학기에 단절되었던 덧셈과 뺄셈 학습을 보완하기 위한 것이다. 사실 교육과정은 아이 각 개인의 학습 수준에 비추어 결정하는 것이 기본이다. 따라서 3학년 1학기라 하더라도, 필요하다면 2학년 단원의 연산을 다시 학습할 기회를 제공하는 것이 필요하다.

초등학교 덧셈과 뺄셈의 완성

〈덧셈과 뺄셈의 완성〉 단계에서는 세 자리 수의 덧셈을 다루는데 마지막 단계에서는 합이 네 자리 수인 경우도 포함되어 있다. 이때 받아올림이 세 번 있는 덧셈도 제시되는데, 뺄셈은 덧셈과 다르게 받아내림이 두 번 있는 뺄셈까지만 익숙하게 계산할 수 있으면 충분하다. 어쨌든 3학년 2학기부터는 더 이상 자연수의 덧셈과 뺄셈을 다루지 않고 분수의 덧셈과 뺄셈이라는 새로운 학습으로 이어지므로, 3학년 1학기가 덧셈과 뺄셈 학습의 마지막 단계다. 책의 제목 〈덧셈과 뺄셈의 완성〉은 이러한 학습 목표를 반영하였다.

3학년 1학기 덧셈과 뺄셈 역시 빠르고 정확한 계산을 위한 알고리즘 연습을 강요하기보다는 어떤 과정을 거쳐 알고리즘으로 확립되었는가를 스스로 이해하고 재발견할 수 있게 해주어야 한다. 이를 위해 제시된 다양한 모델에서의 연산 구조를 먼저 충분히 학습하고 나서 받아올림과 받아내림이 여러 번 있는 문제를 학습하는 것이 바람직하다.

2 일차 자릿값 익히기 (1)

공부한 날짜 월 일

문제 1 | 보기와 같이 □ 안에 알맞은 수를 넣으시오.

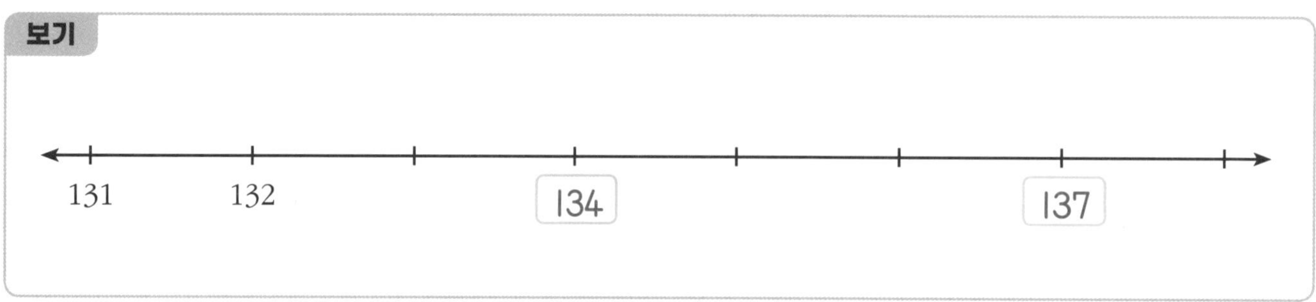

(1)

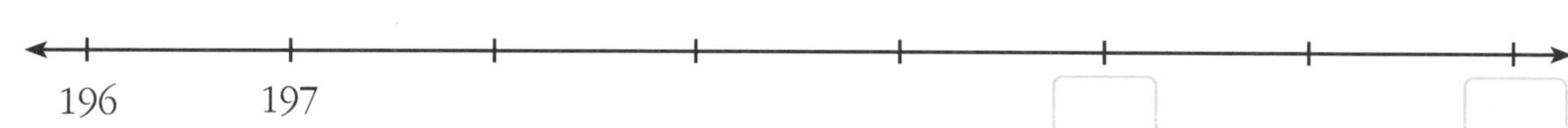

(2)

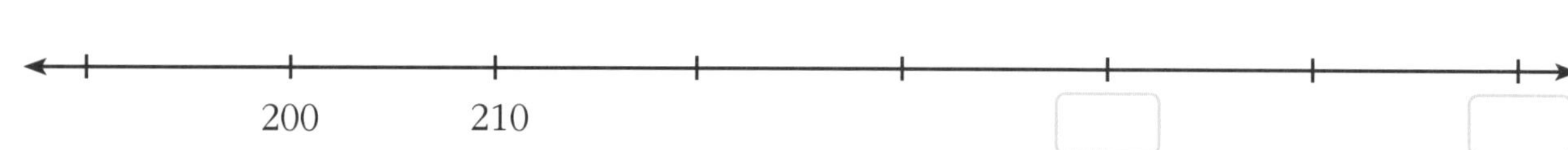

(3)

문제 1 수에 대한 감각이 충분하지 않으면 연산 개념의 형성에 지장을 초래한다. 연산에 초점을 두었지만 세 자리 수에 대한 감각, 즉 일의 자리, 십의 자리, 백의 자리에 대한 자릿값 개념이 먼저 형성될 수 있도록 수직선 모델을 도입했다. 빈칸에 알맞은 숫자를 채우기 위해서는 눈금의 간격에 초점을 두어야 하는데, 이때 한 칸의 크기가 얼마인지 파악해야 한다.

(4)

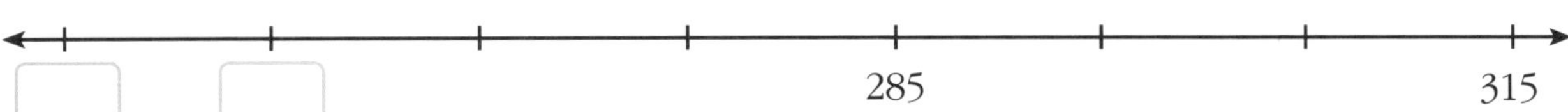

(5)

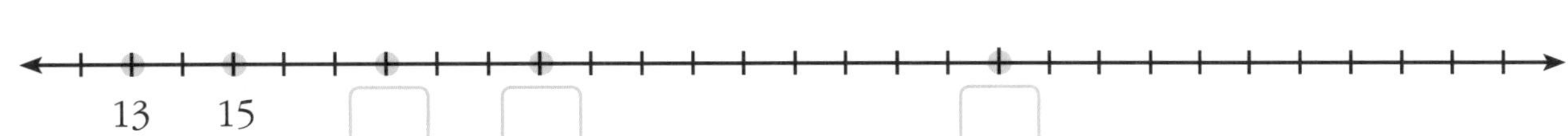

(6)

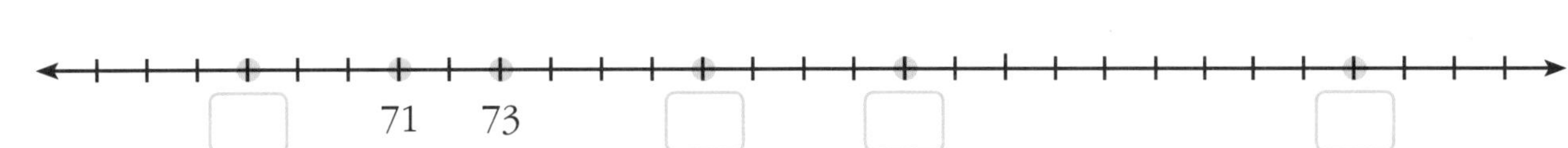

(7)

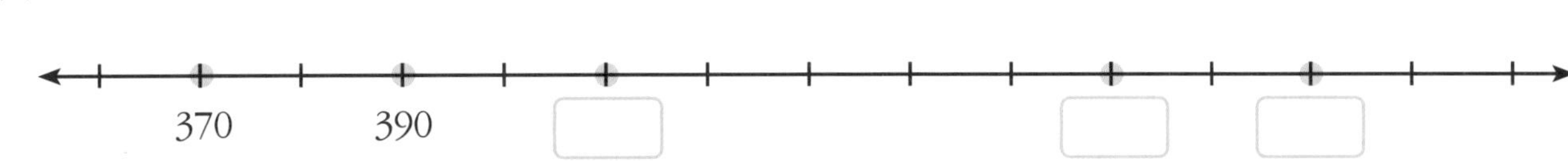

(8)

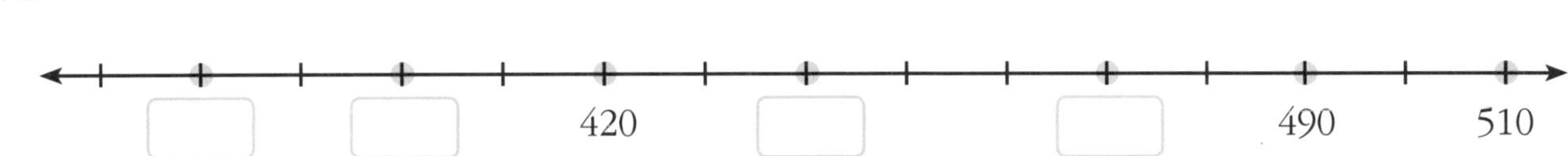

(9)

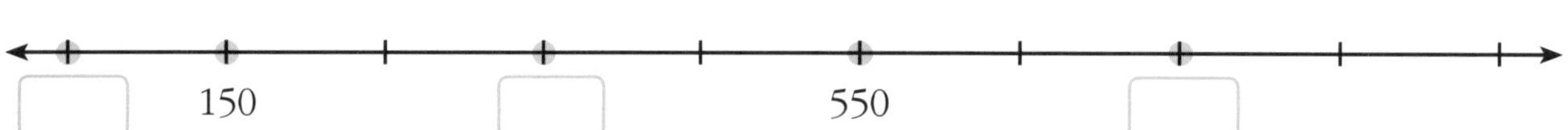

문제 2 | □ 안에 알맞은 수를 넣으시오.

(1)

−100 +100

−100		+100
35	135	235
	240	
	605	

(2)

−10 +10

−10		+10
	275	
	340	
	590	

(3)

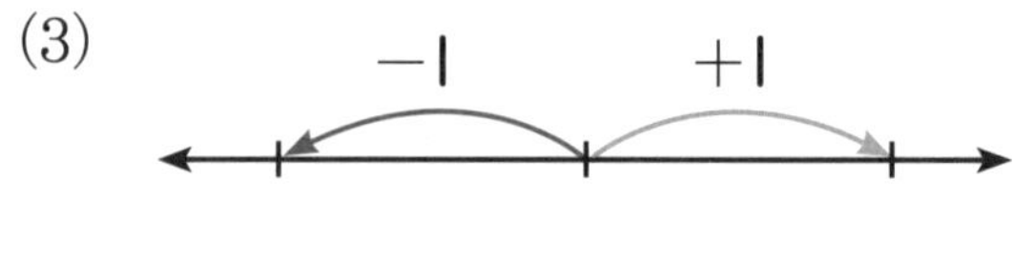

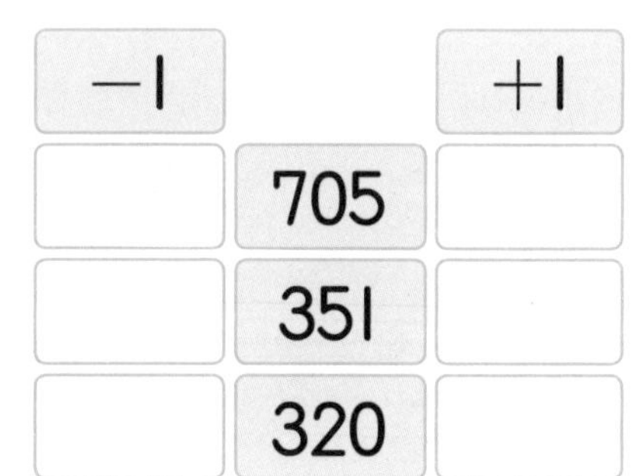

−1		+1
	705	
	351	
	320	

(4)

−100 +100

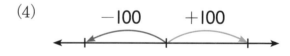

−100		+100
	143	
	360	
	832	

문제 2 자릿값 개념을 확실하게 다지기 위해 수직선과 함께 제시된 표의 빈칸을 채우는 문제다. 백의 자리, 십의 자리, 일의 자리 변화를 파악하여 알맞은 수를 넣는다.

문제 3 | 다음을 계산하시오.

(1) 800 + 100 =
800 + 10 =
800 + 1 =

(2) 532 + 400 =
532 + 40 =
532 + 4 =

(3) 753 + 100 =
753 + 10 =
753 + 1 =

(4) 567 + 300 =
567 + 30 =
567 + 3 =

(5) 463 + 400 =
463 + 40 =
463 + 4 =

(6) 355 + 500 =
355 + 50 =
355 + 5 =

선생님만 보세요

문제 3 역시 자릿값 개념을 습득하는 문제다. 더하는 수와 빼는 수의 일, 십, 백 변화를 파악하는 문제다. 덧셈과 뺄셈의 경우 더하는 수와 빼는 수에 따른 해당 자릿값의 변화를 알 수 있다.

수직선 모델의 중요성

『생각하는 초등연산』의 최종목표는 단지 알고리즘의 습득이 아니라 아이 스스로 알고리즘의 원리를 발견하고 자연스럽게 이해하는 것이다. 이를 위해 『생각하는 초등연산』에는 타 연산 교재는 물론 교과서에도 찾을 수 없는 새롭고 다양한 모델을 발견할 수 있다.

가장 눈에 띄는 것이 수직선 모델이다. 수직선 모델은 아이들이 수의 배열을 시각적으로 확인하도록 한다. 추상적인 수를 눈으로 확인하는 경험은 덧셈과 뺄셈의 받아올림과 받아내림의 알고리즘을 형상화하는 데 도움을 준다. 또한 수직선에서의 수세기를 통해 자릿값을 이해하는 과정에서 수 감각도 향상된다.

수직선 모델이 사칙연산의 학습에 활용되는 예는 다음과 같다.

1) 화살표에 의해 수를 헤아리고 읽으며 자연스럽게 덧셈과 뺄셈으로 연결된다.

2) 덧셈의 역연산이 뺄셈이라는 사실을 파악할 수 있다.

3) 뛰어세기를 통해 배 개념을 형성하여 곱셈으로 이어진다.

4) 수직선을 사용하여 수의 특징을 직관적으로 이해할 수 있는데, 예를 들어 "197은 3만 더하면 200이 되는 구나."와 같은 것으로, 이는 덧셈이나 뺄셈의 전략을 세울 때 도움을 준다.

유럽에서 활용도가 높은 것에 착안하여 『생각하는 초등연산』에서는 저학년은 물론 고학년에 이르기까지 각각의 수준에 적절한 수직선 모델을 제공하였다. 중요한 것은 수직선 자체가 아니라 수직선이 연산 학습의 도구라는 사실이다.

3 일차 자릿값 익히기 (2)

✎ 공부한 날짜 월 일

문제 1 | □ 안에 알맞은 수를 넣으시오.

(1)

−100 +100

−100		+100
	158	
	429	
	585	
	613	
	847	

(2)

−10 +10

−10		+10
	118	
	492	
	543	
	661	
	804	

(3)

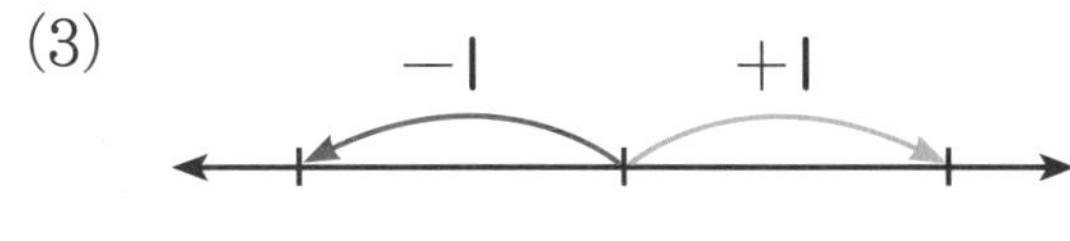

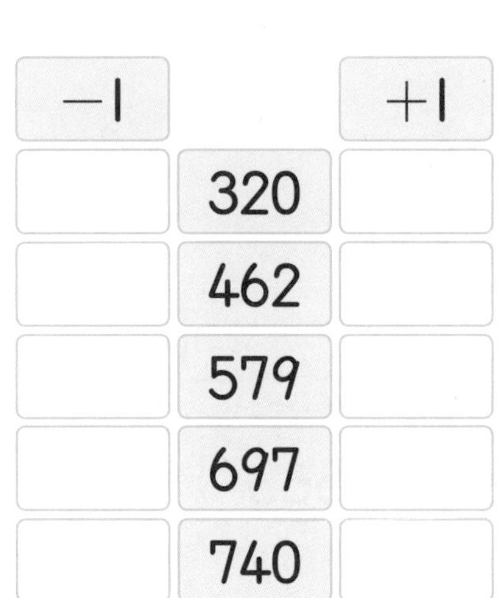

−1		+1
	320	
	462	
	579	
	697	
	740	

(4)

−10 +10

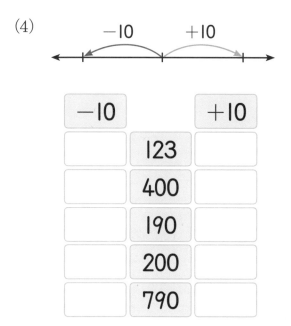

−10		+10
	123	
	400	
	190	
	200	
	790	

문제 1 이전 차시의 (2)번과 같은 유형의 문제를 복습하며 세 자리 수의 자릿값을 익힌다.

문제 2 | 빈 칸에 알맞은 수를 넣으시오.

(1)

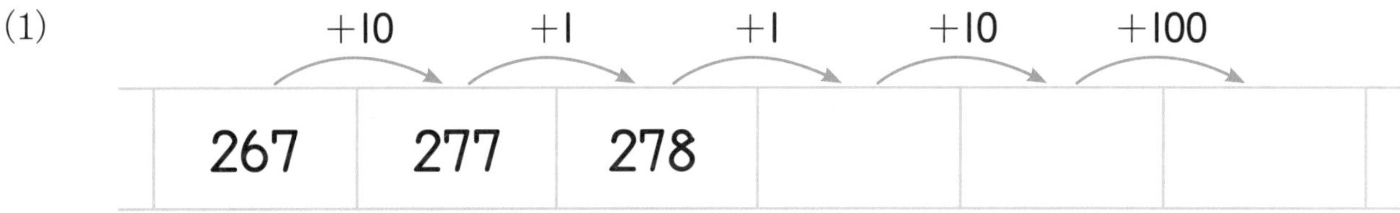

(2)

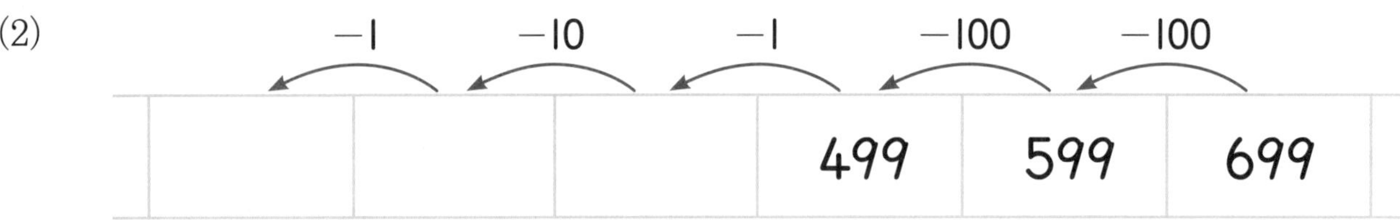

(3)

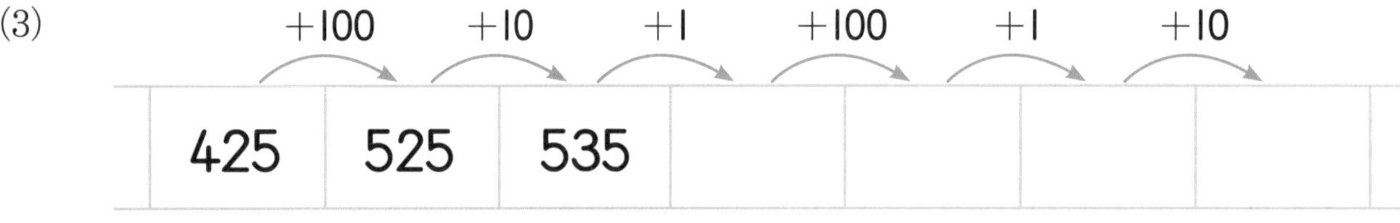

(4)

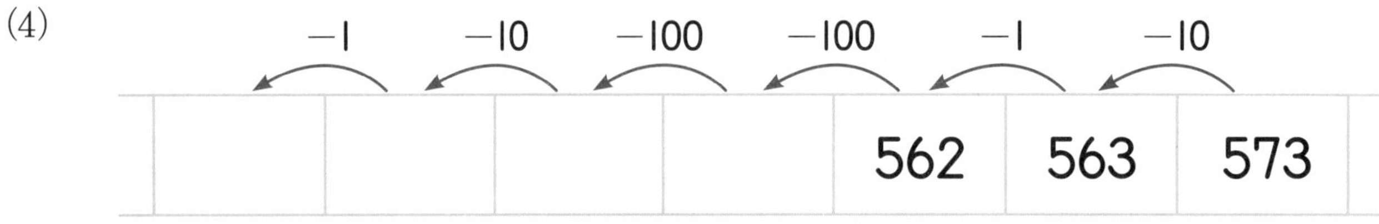

문제 2 수 배열표에 제시된 화살표 위의 숫자에 따라 덧셈을 실행하여 빈칸을 채운다.
주의 수 배열표는 간격이 일정한 수직선과는 다르다는 점에 유의해야 한다. 중요한 것은 100, 10, 1씩 증가하거나 감소할 때 주어진 숫자의 각 자릿값이 어떻게 변화하는지를 파악해야 한다는 것이다.

문제 3 | □ 안에 10 또는 100을 알맞게 넣으시오.

(1) 100+100+□=210

(2) 100+100+10+10+10+10+100+10+10+□+10=470

(3) 10+10+10+□+□+100+100+1+□+100=451

(4) □+10+10+10+100+100+□+10+10+10+10=380

(5) □+100+100+10+10+□+1+1+□=324

문제 3 자릿값을 익히는 수 영역의 문제이지만 덧셈 기호가 들어 있는, 덧셈 연산으로 이어지는 중간 단계의 문제다. 제시된 가로식에서 100, 10, 1의 개수가 자릿값을 어떻게 변하게 하는지 패턴을 발견하며 수 감각을 익힌다. 쉽지 않은 문제다. 만일 아이가 어려워하면 덧셈을 모두 마치고 나서 다시 풀이할 수도 있다. **주의** 답이 여럿 있을 수 있다. 10과 100의 개수만 맞으면 된다.

문제 4 | 다음을 계산하시오.

(1) 748 + 100 =

748 + 10 =

748 + 1 =

(2) 400 − 100 =

400 − 10 =

400 − 1 =

(3) 577 + 100 =

577 + 10 =

577 + 1 =

(4) 600 − 100 =

600 − 10 =

600 − 1 =

(5) 352 + 200 =

352 + 20 =

352 + 2 =

(6) 895 − 500 =

895 − 50 =

895 − 5 =

문제 4 자릿값을 익히는 또 다른 형식의 문제다. 100, 10, 1을 더하고 뺄 때 자릿값의 변화에 주목하며 세 자리 수의 감각을 형성할 수 있도록 하는 마무리 문제다. 덧셈과 뺄셈으로 제시되었지만 수직선을 떠올리며 자릿값의 변화를 파악하는 것이 문제의 핵심이다.

4 일차 받아올림이 없는 세 자리 수 덧셈 (1)

✎ 공부한 날짜　　　월　　　일

문제 1 | □ 안에 알맞은 수를 넣으시오.

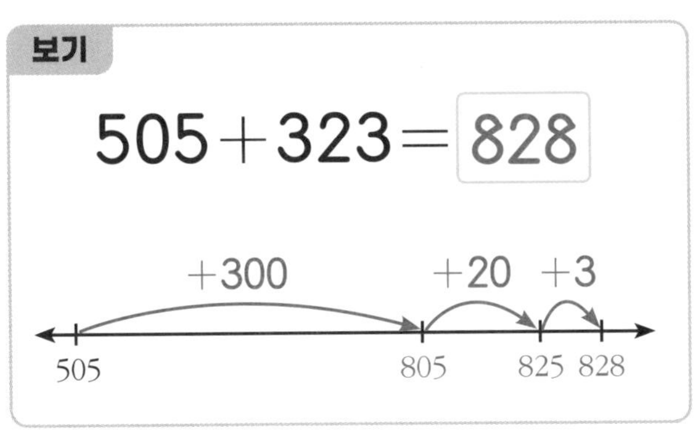

(1) 240+130=□

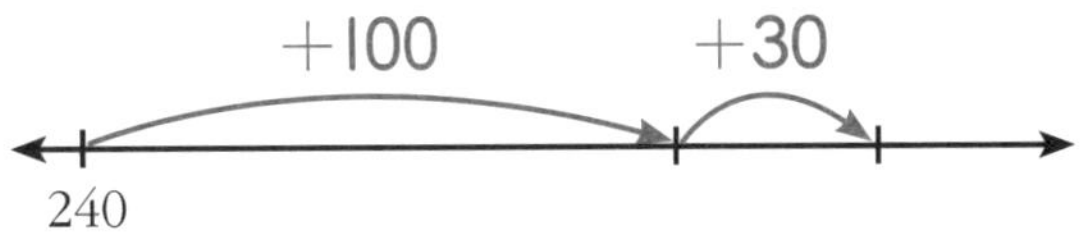

+100　+30

240

(2) 524+203=□

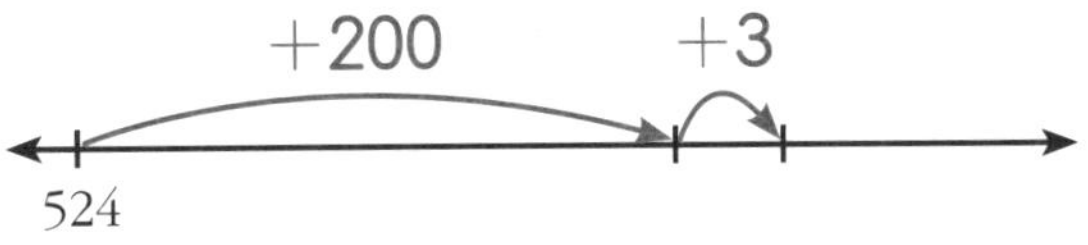

+200　+3

524

(3) 172+325=□

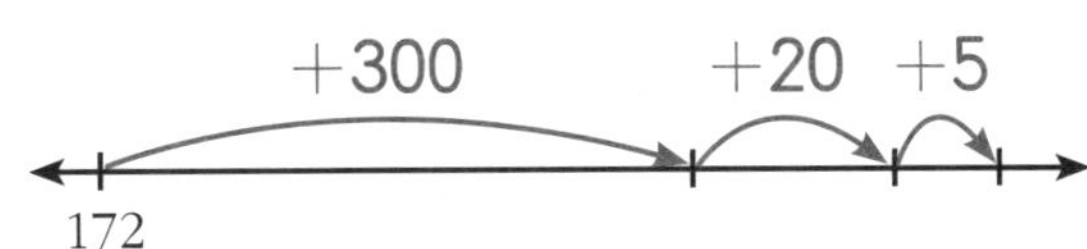

(4) 427+432=□

(5) 843+105=□

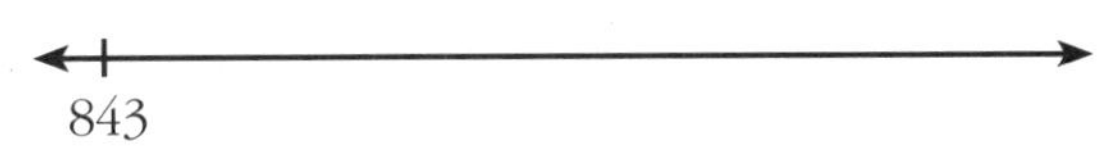

문제 1 받아올림이 없는 세 자리 수 덧셈에서 백의 자리, 십의 자리, 일의 자리 이동을 수직선에서 확인하며 답을 구한다.

(6)

753＋25＝☐

(7)

(8)

825＋113＝☐

(9)

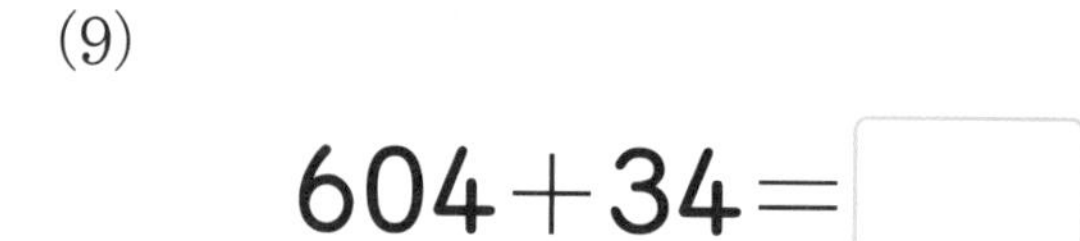

문제 2 | 오른쪽에 있는 돈을 저금통에 넣으면 돈은 모두 얼마가 되나요?

(1)

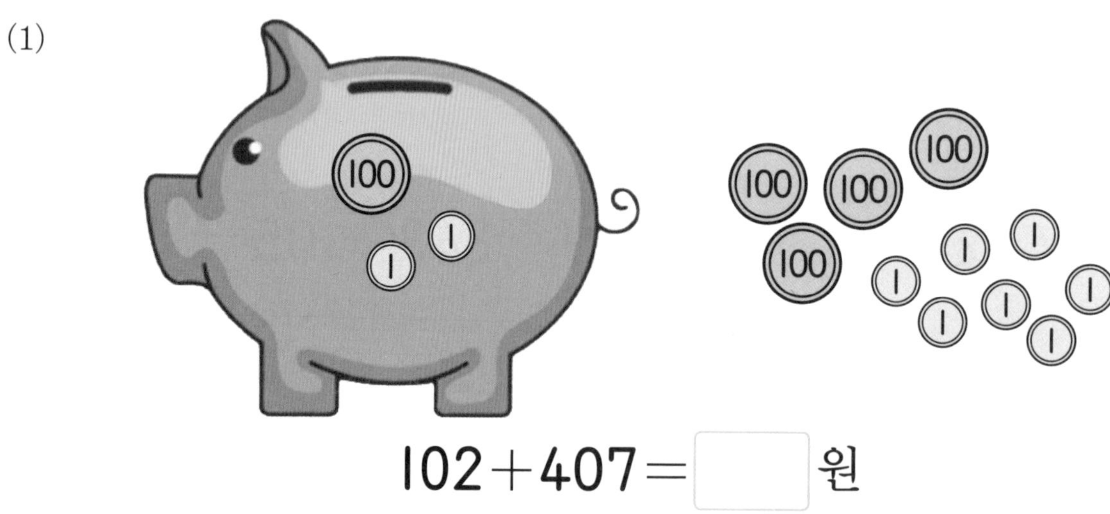

102＋407＝☐ 원

문제 2 백 원, 십 원, 일 원짜리 동전을 이용한, 받아올림이 없는 세 자리 수의 덧셈 연습이다. 동전의 개수가 각 자리 수의 합이다.

(2)

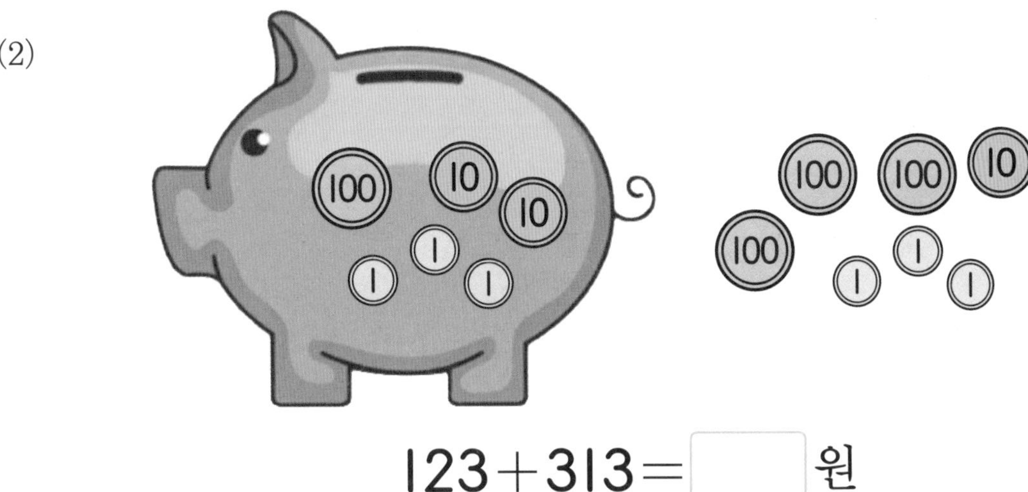

123+313=□원

(3)

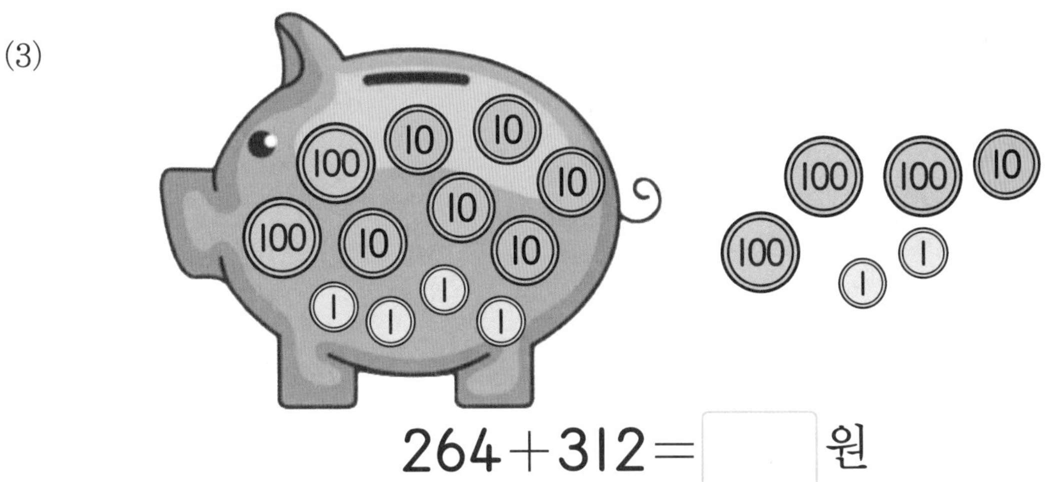

264+312=□원

(4)

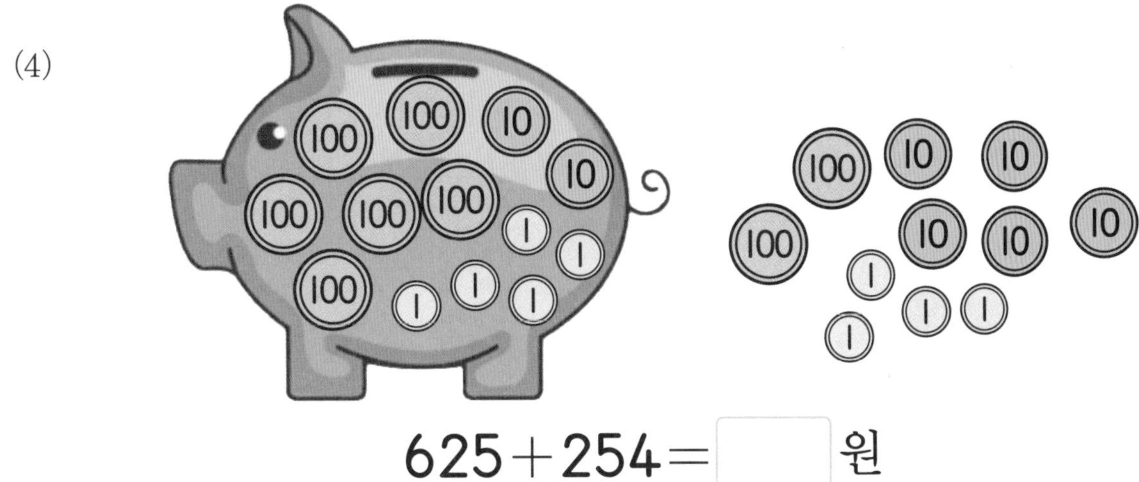

625+254=□원

(5)

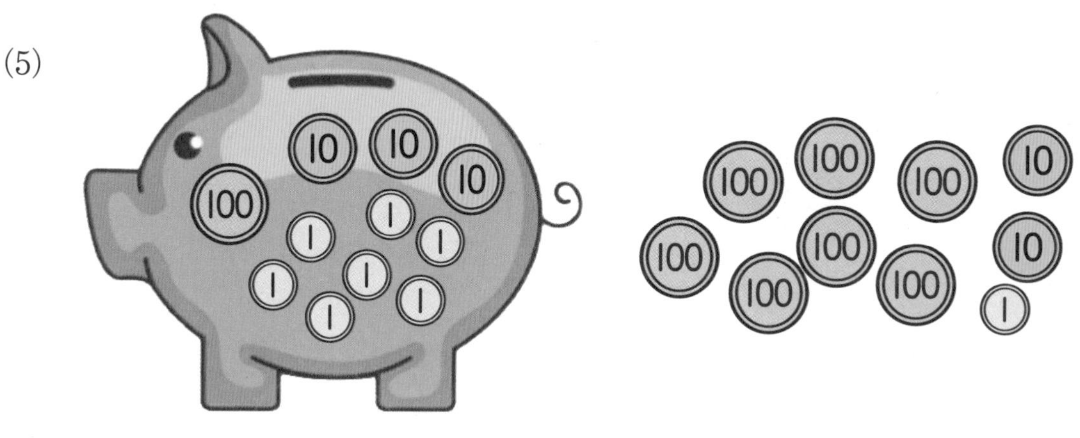

$137+721=$ ☐ 원

(6)

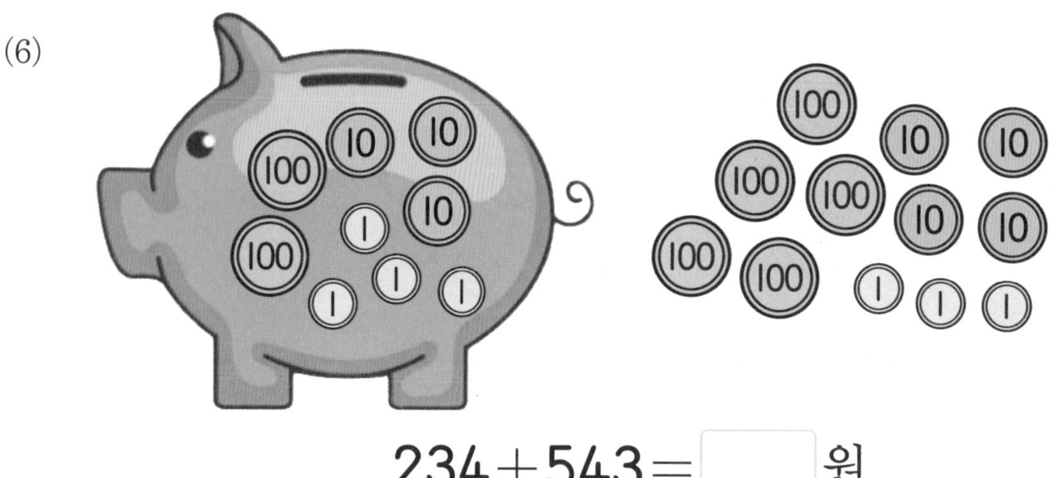

$234+543=$ ☐ 원

(7)

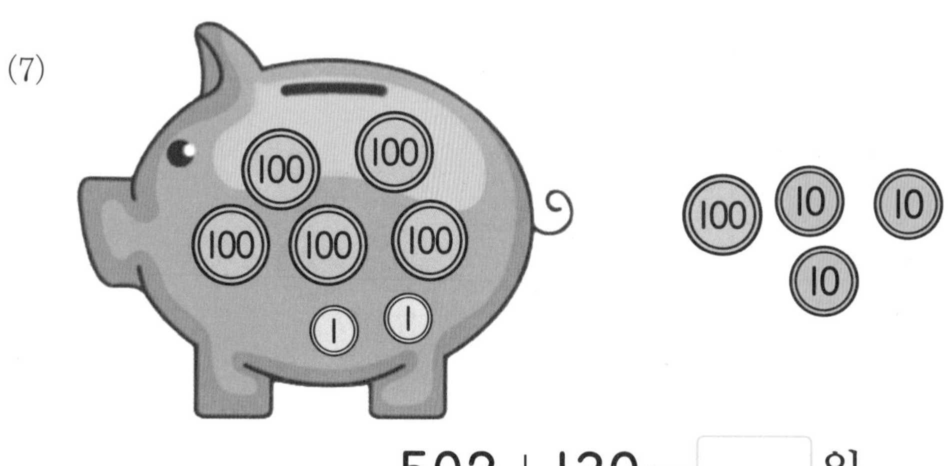

$502+130=$ ☐ 원

5일차 받아올림이 없는 세 자리 수 덧셈 (2)

공부한 날짜 월 일

문제 1 | 보기와 같이 □ 안에 알맞은 수를 넣으시오.

보기

	100	10	1
	100 100 100 100 100	10 10 10 10 10 10 10	1 1
+	100 100 100	10 10	1 1 1 1 1 1
	100 100 100 100 100 100 100 100	10 10 10 10 10 10 10 10 10	1 1 1 1 1 1 1 1

```
  5 7 2
+ 3 2 6
-------
      8 ← 2 + 6
    9 0 ← 70 + 20
  8 0 0 ← 500 + 300
-------
  8 9 8
```

(1)

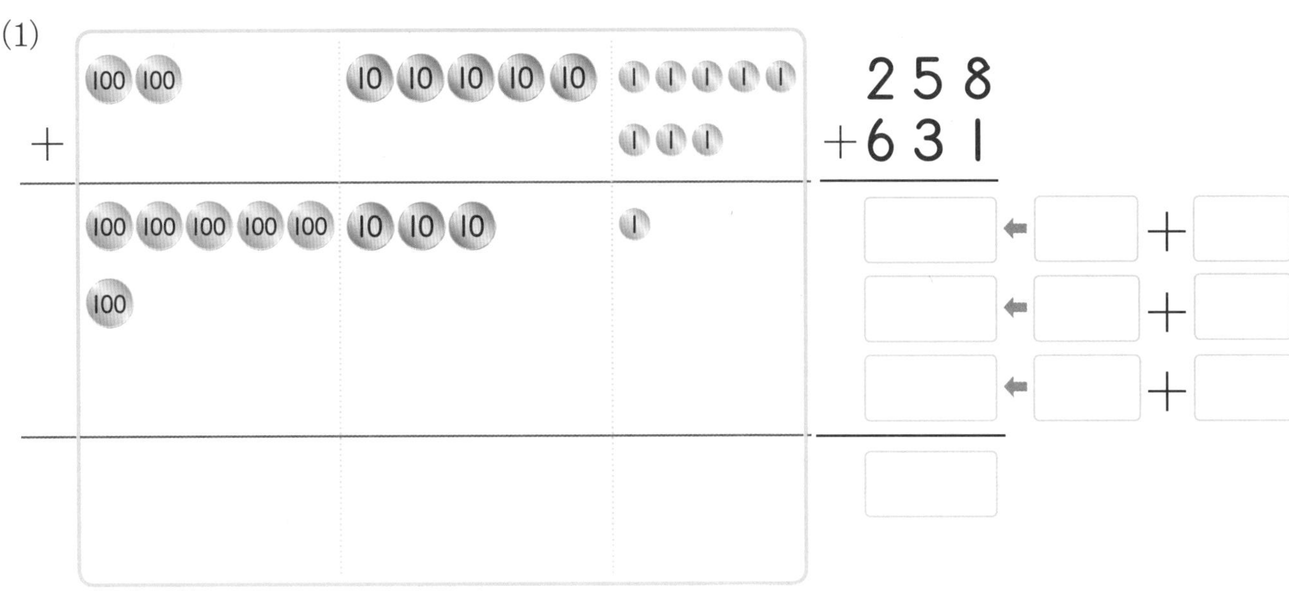

문제 1 가로식에서의 받아올림이 없는 세 자리 수 덧셈 구조를 세로식에서 구현하는 과정으로, 동전 모형 그림과 함께 확인한다. 세로식이 왜 필요한가를 깨달을 수 있는 문제다. 답을 구한 후에 이에 대해 논의해볼 것을 권한다.

(2)

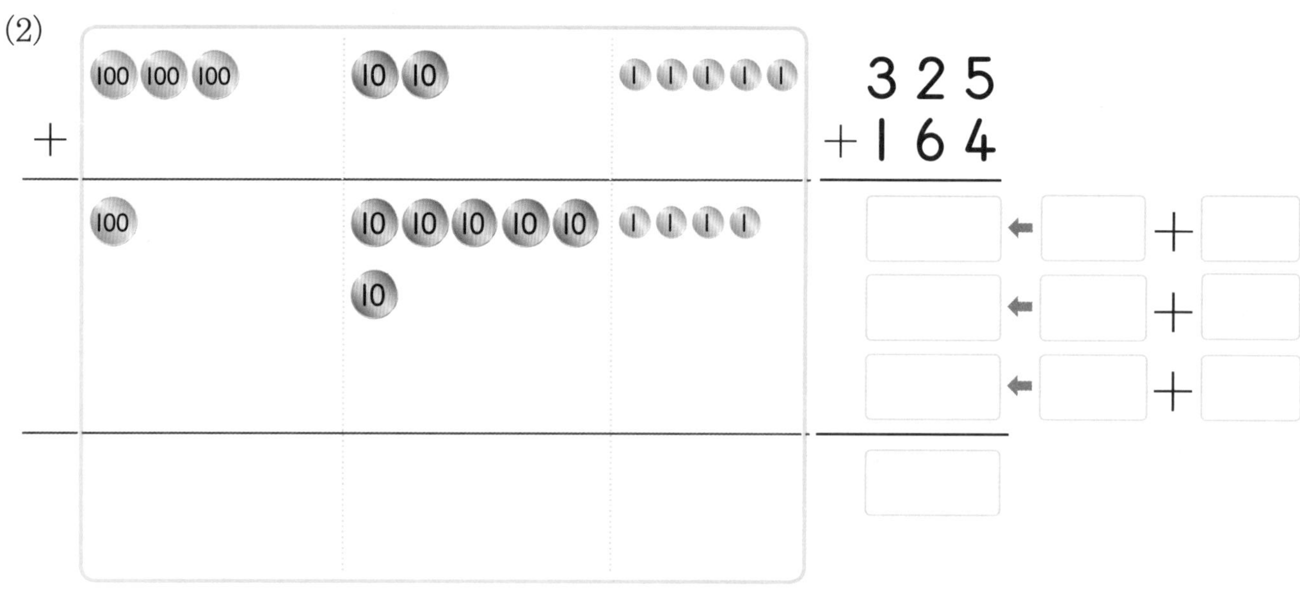

100 100 100
10 10
1 1 1 1 1
+
100
10 10 10 10 10
10
1 1 1 1
3 2 5
+ 1 6 4
+
+
+

(3)

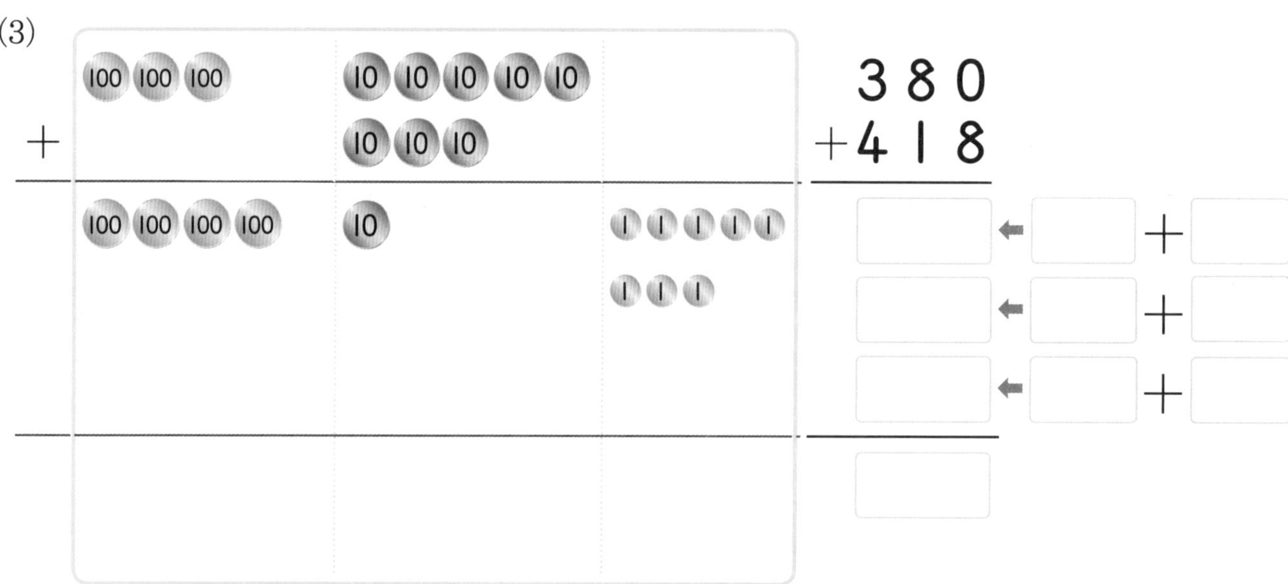

100 100 100
10 10 10 10 10
10 10 10
+
100 100 100 100
10
1 1 1 1 1
1 1 1
3 8 0
+ 4 1 8
+
+
+

(4)

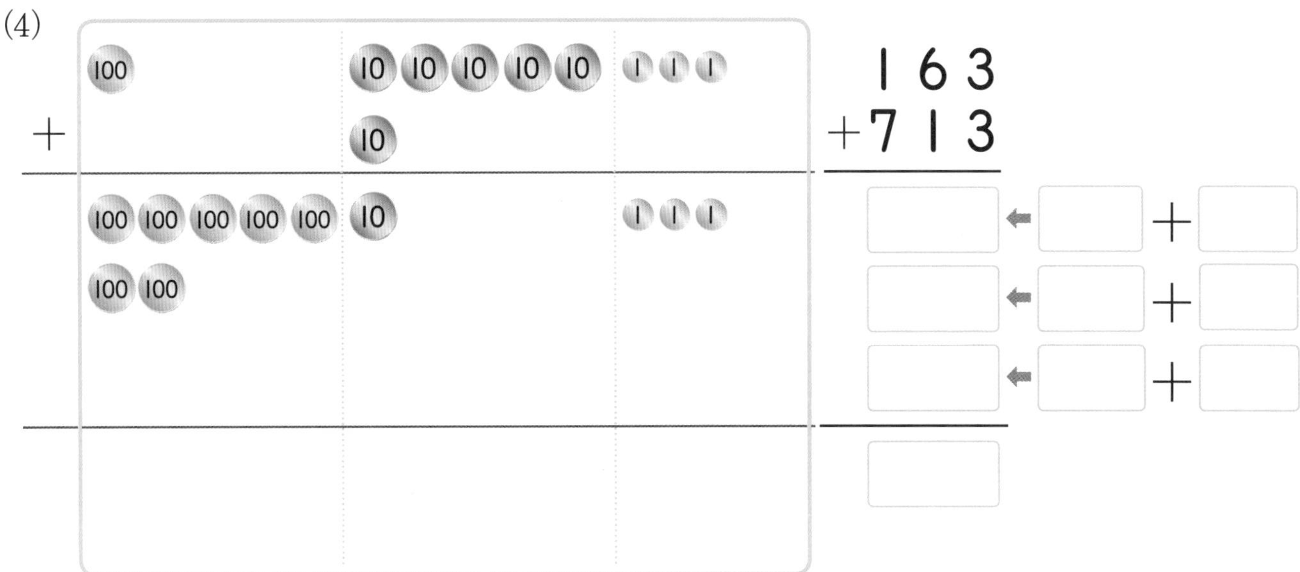

$$\begin{array}{r} 163 \\ +713 \\ \hline \end{array}$$

□ ⬅ □ + □

□ ⬅ □ + □

□ ⬅ □ + □

□

문제 2 | 보기와 같이 계산하시오.

보기

$$\begin{array}{r} 434 \\ +\ 251 \\ \hline 685 \end{array}$$

(1)

$$\begin{array}{r} 126 \\ +\ 453 \\ \hline \end{array}$$

(2)

$$\begin{array}{r} 862 \\ +\ 121 \\ \hline \end{array}$$

(3)

$$\begin{array}{r} 734 \\ +\ 264 \\ \hline \end{array}$$

(4)

$$\begin{array}{r} 105 \\ +\ 482 \\ \hline \end{array}$$

(5)

$$\begin{array}{r} 824 \\ +\ 173 \\ \hline \end{array}$$

문제 2 [문제 1]에서 확인한 세로식에서 세 자리 수 덧셈을 연습한다. 받아올림이 없으므로 각 자리 수의 덧셈만 실행하면 답을 얻을 수 있다.

(6)
$$\begin{array}{r} 564 \\ +\ 230 \\ \hline \end{array}$$

(7)
$$\begin{array}{r} 724 \\ +\ 143 \\ \hline \end{array}$$

(8)
$$\begin{array}{r} 638 \\ +\ 231 \\ \hline \end{array}$$

(9)
$$\begin{array}{r} 253 \\ +\ 314 \\ \hline \end{array}$$

(10)
$$\begin{array}{r} 376 \\ +\ 310 \\ \hline \end{array}$$

(11)
$$\begin{array}{r} 521 \\ +\ 132 \\ \hline \end{array}$$

(12)
$$\begin{array}{r} 152 \\ +\ 607 \\ \hline \end{array}$$

(13)
$$\begin{array}{r} 407 \\ +\ 491 \\ \hline \end{array}$$

(14)
$$\begin{array}{r} 425 \\ +\ 524 \\ \hline \end{array}$$

세 자리 수의 덧셈과 뺄셈은 자릿값부터!

3학년의 첫 단원인 '덧셈과 뺄셈'은 세로식에서의 계산절차, 즉 형식적인 알고리즘을 익히는 것이 최종 목표다. 이때 알고리즘의 습득을 위해 반드시 선행되어야 하는 것이 바로 자릿값에 대한 이해다.

왜냐하면 자릿값에 대한 개념이 확실히 형성되어야, 받아올림과 받아내림이 있는 덧셈과 뺄셈 그리고 자릿수가 확장된 덧셈과 뺄셈을 해결할 수 있게 되기 때문이다. 『생각하는 초등연산』은 이와 같은 자릿값 이해를 위해 수직선 모델을 비롯하여 다양한 활동을 제시한다.

우선 다음과 같이 수직선에서 뛰어 세기를 하며 자릿값의 변화를 이해하는 문제를 제시한다. 일의 자리, 십의 자리 숫자 표기를 통해 위치 기수법의 개념을 확립하는 것이다.

문제 1 보기와 같이 □ 안에 알맞은 수를 넣으시오.

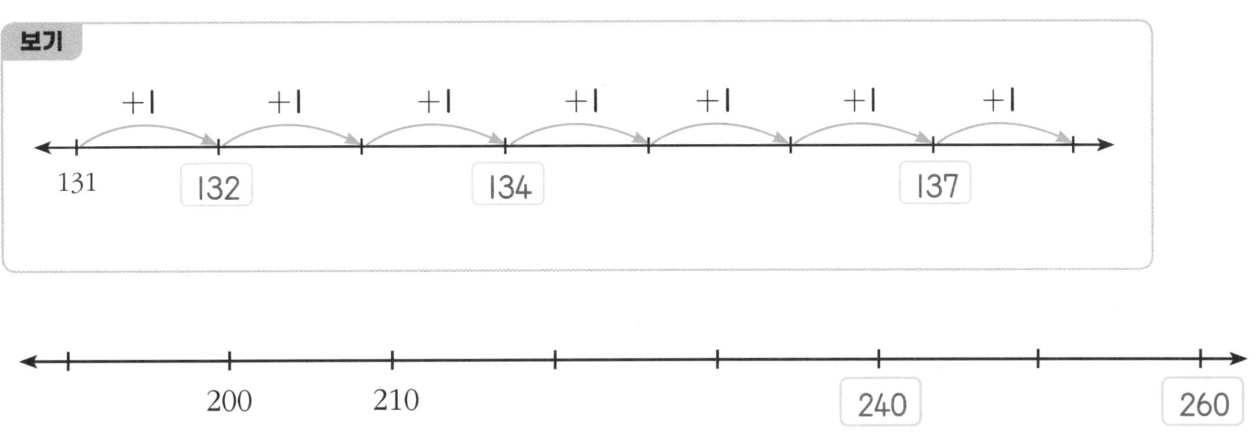

문제 2 빈칸에 알맞은 수를 넣으시오.

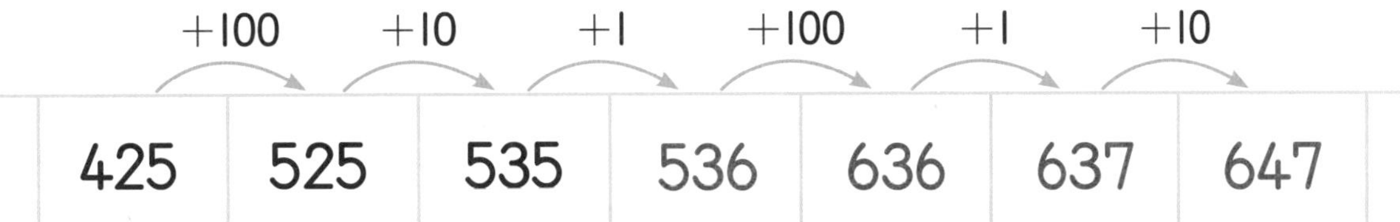

세 자리 수 덧셈 학습을 위한 다양한 모델

세자리 수 덧셈은 수직선에서의 뛰어 세기를 활용하여 더해지는 수를 백, 십, 일의 자리로 차례대로 더하면서 자릿값 변화를 파악하도록 한다.

문제 1 **수직선을 이용하여 다음을 계산하시오.**

505+303= 808

+300 +3

505 805 808

자릿값에 대한 이해가 부족한 상태에서 알고리즘을 바로 도입하는 것은 바람직하지 않다. 아이들에게 친숙한 동전 모델은 자릿값 이해를 쉽게 도와주는 도구다.

문제 2 **오른쪽에 있는 돈을 저금통에 넣으면 돈은 모두 얼마가 되나요?**

102+407= 507 원

동전 모델에 이어서 다음과 같은 수 모형을 제시하고 이를 덧셈 알고리즘으로 연결하는 순서를 따르는 것이 바람직하다.

문제 3 **다음을 계산하시오.**

572+326
=(500+300)+(70+20)+(2+6)

```
  5 7 2
 +3 2 6
 ------
      8
    9 0
  8 0 0
 ------
  8 9 8
```

지금까지 받아올림이 없는 덧셈만 제시했지만, 받아올림이 있는 덧셈도 마찬가지다.

6 일차 받아올림이 없는 세 자리 수 덧셈 (3)

공부한 날짜 월 일

문제 1 | 빈 칸에 알맞은 수를 넣으시오.

(1)

+	200	20	4	24	224
320	520	340	324		
245	445				

(2)

+	100	50	3	53	153
135					
412					

(3)

+	100	60	2	62	162
527					
831					

(4)

+	300	40	1	41	341
128					
607					

문제 1 각 자리 수의 덧셈을 직사각형 모양의 표에서 확인하는 새로운 유형의 문제다. 몇백, 몇십, 몇을 각각 더하면서 세 자리 수 덧셈에서 자릿값의 변화를 확인한다.

(5)

+	200	10	5	15	215
721					
263					

문제 2 | 다음을 계산하시오.

(1)
$$\begin{array}{r} 830 \\ +\ 124 \\ \hline \end{array}$$

(2)
$$\begin{array}{r} 481 \\ +\ 403 \\ \hline \end{array}$$

(3)
$$\begin{array}{r} 246 \\ +\ 312 \\ \hline \end{array}$$

(4)
$$\begin{array}{r} 604 \\ +\ 345 \\ \hline \end{array}$$

(5) $517+230=$

(6) $354+131=$

(7) $162+526=$

(8) $578+211=$

(9) $303+465=$

(10) $725+152=$

문제 2 세로식과 가로식에서 받아올림이 없는 세 자리 수 덧셈을 연습한다.

7 일차 일의 자리에서 받아올림이 있는 세 자리 수 덧셈 (1)

공부한 날짜 월 일

문제 1 | 보기와 같이 □ 안에 알맞은 수를 넣으시오.

보기

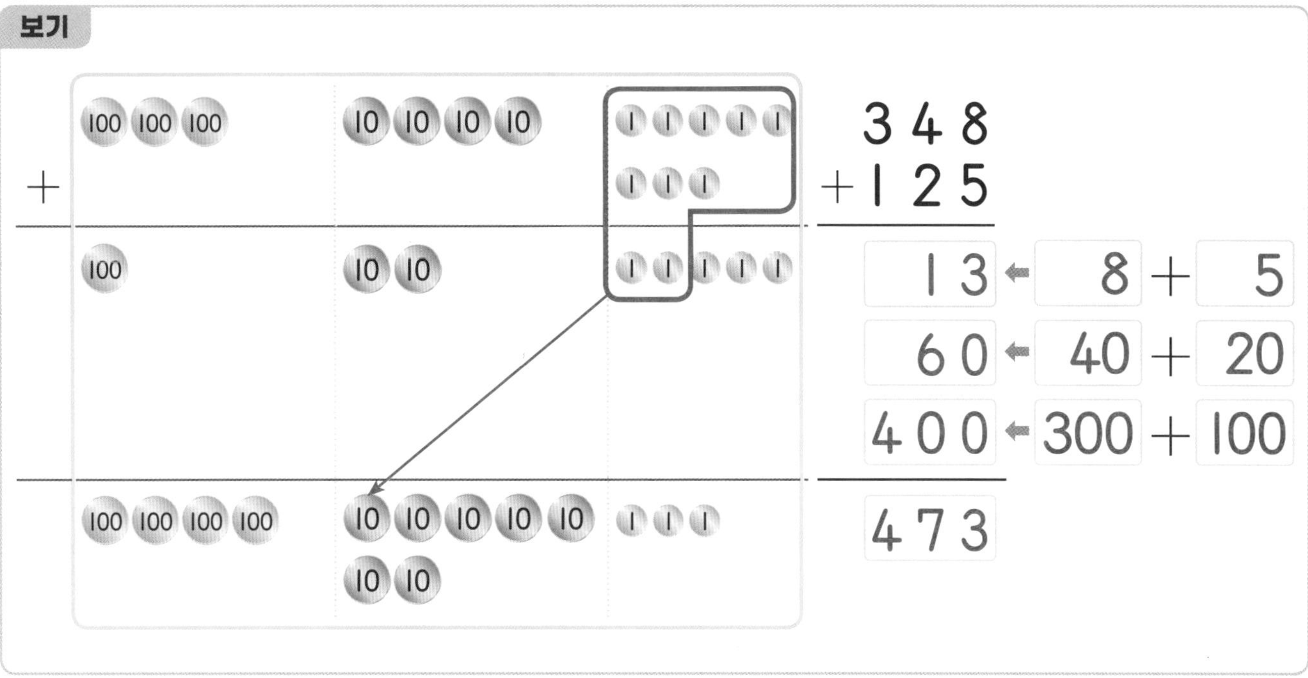

(1)

100 100 100 | 10 10 | 1 1 1 1 1

\+ | | 10 10 10 10 | 1 1 1 1 1 1 1 1 1

$$
\begin{array}{r}
325 \\
+\ \ 49 \\
\hline
\end{array}
$$

□ ← 5 + 9

□ ← 20 + 40

□ ← 300 + 0

□

문제 1 백 원, 십 원, 일 원짜리 동전을 이용하여 일의 자리에서 받아올림이 있는 덧셈을 연습한다. 일 원짜리 동전 열 개가 십 원짜리 동전 한 개로 바뀌는 것을, 일의 자리에서 십의 자리로 받아올림이 되는 과정으로 확인하며 네모의 빈칸을 채우도록 한다.

(2)

	100	10	1
	100 100 100 100 100	10 10	1 1 1 1 1 1 1
+		10 10 10	1 1 1 1

$$\begin{array}{r} 527 \\ +\ \ 34 \\ \hline \end{array}$$

☐ ⬅ ☐ + ☐

☐ ⬅ ☐ + ☐

☐ ⬅ ☐ + ☐

☐

(3)

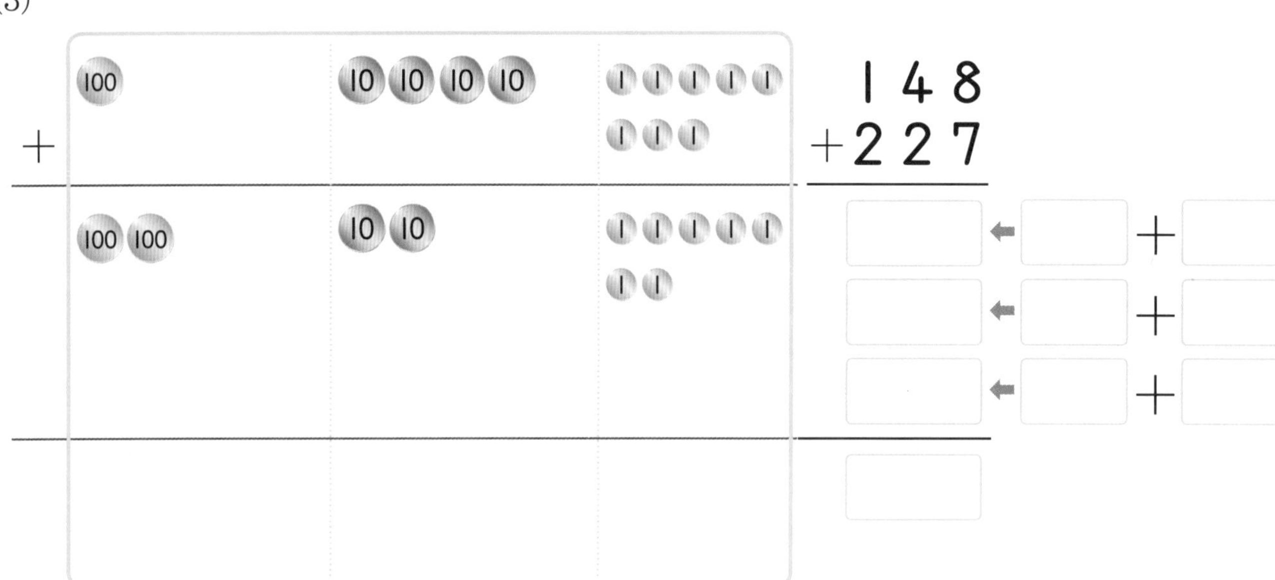

(4)

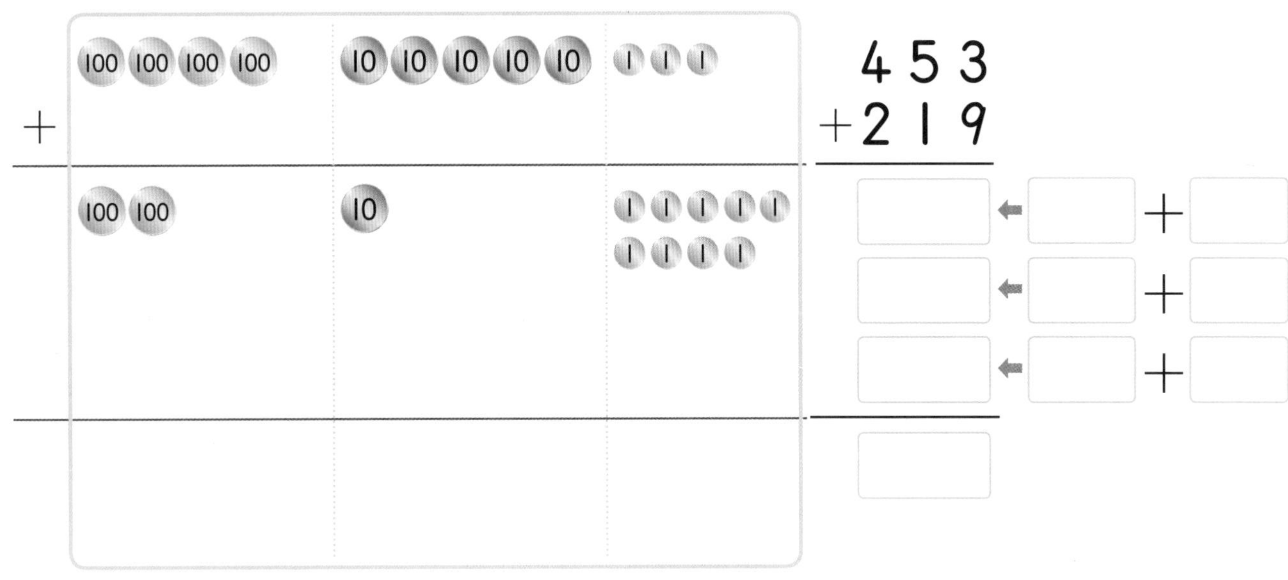

문제 2 | □ 안에 알맞은 수를 넣으시오.

(1)

$$\begin{array}{r} 349 \\ +\ 216 \\ \hline \end{array}$$

□ ⬅ 9 + 6

□ ⬅ 40 + 10

□ ⬅ 300 + 200

□

(2)

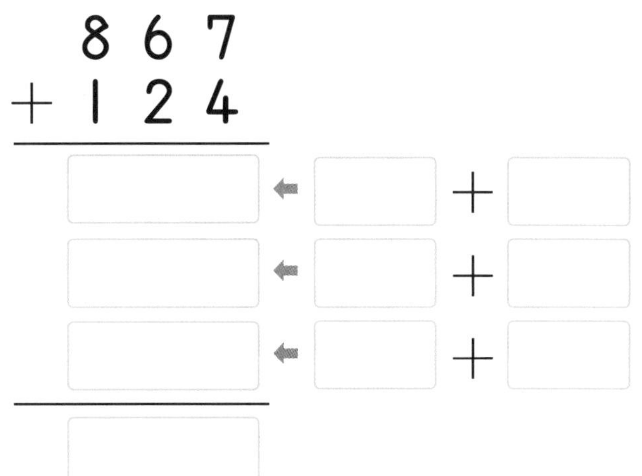

문제 2 일의 자리에서 받아올림이 있는 세 자리 수의 덧셈 과정을 각 자릿수의 덧셈으로 분해하여 연습한다. 알고리즘 습득을 위한 준비 단계다.

(3)

$$
\begin{array}{r}
748 \\
+\ 132 \\
\hline
\end{array}
$$

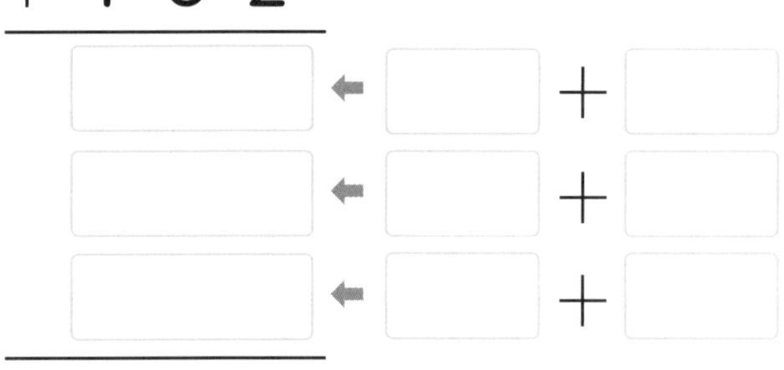

(4)

$$
\begin{array}{r}
573 \\
+\ 419 \\
\hline
\end{array}
$$

(5)

$$
\begin{array}{r}
139 \\
+\ 214 \\
\hline
\end{array}
$$

(6)

$$
\begin{array}{r}
663 \\
+\ 218 \\
\hline
\end{array}
$$

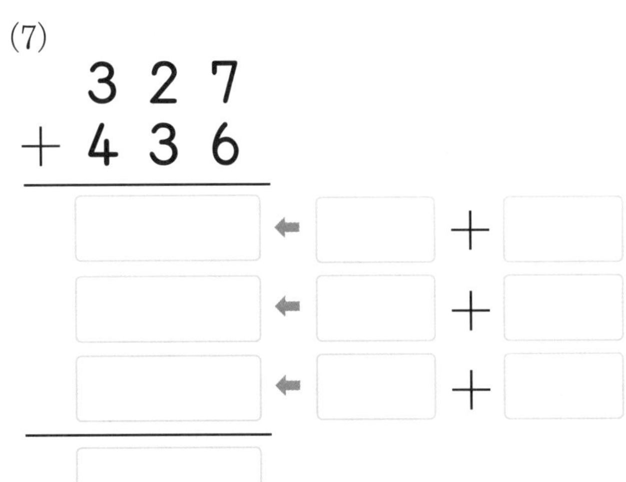

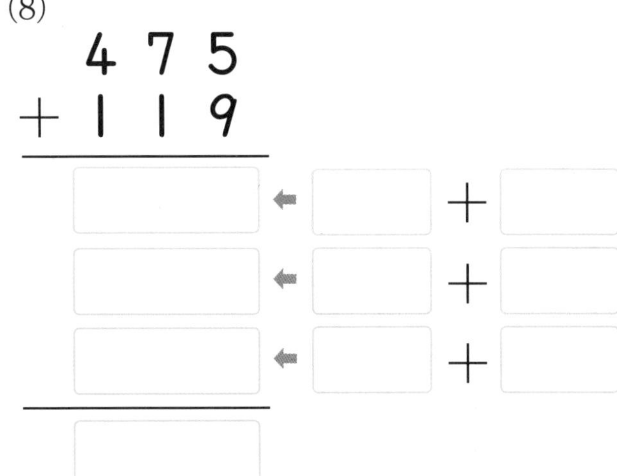

(9)

$$\begin{array}{r} 2\ 5\ 6 \\ +\ 3\ 2\ 7 \\ \hline \end{array}$$

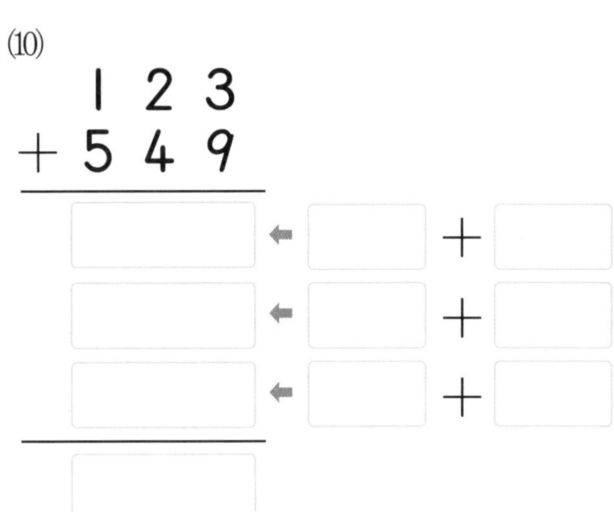

8 일차 일의 자리에서 받아올림이 있는 세 자리 수 덧셈 (2)

공부한 날짜 월 일

문제 1 | 보기와 같이 □ 안에 알맞은 수를 넣으시오.

보기

$$\begin{array}{r} 2\ 3\ 8 \\ +\ 5\ 4\ 7 \\ \hline 1\ 5 \leftarrow 8 + 7 \\ 7\ 0 \leftarrow 30 + 40 \\ 7\ 0\ 0 \leftarrow 200 + 500 \\ \hline 7\ 8\ 5 \end{array} \longrightarrow \begin{array}{r} {\scriptstyle 1}\quad \\ 2\ 3\ 8 \\ +\ 5\ 4\ 7 \\ \hline 7\ 8\ 5 \end{array}$$

(1)

$$\begin{array}{r} 2\ 7\ 6 \\ +\ 5\ 1\ 9 \\ \hline \square \leftarrow 6 + 9 \\ \square \leftarrow 70 + 10 \\ \square \leftarrow 200 + 500 \\ \hline \square \end{array} \longrightarrow \begin{array}{r} 2\ 7\ 6 \\ +\ 5\ 1\ 9 \\ \hline \square \end{array}$$

문제 1 일의 자리에서 받아올림이 있는 세 자리 수의 덧셈에서 십의 자리 위에 1을 표기하는 과정을 익힌다. 알고리즘 완성의 마지막 단계다. 왼쪽에 있는 각 자리 수의 덧셈을 먼저 하고 오른쪽 세로식의 빈칸을 쓰도록 안내한다.

(2)

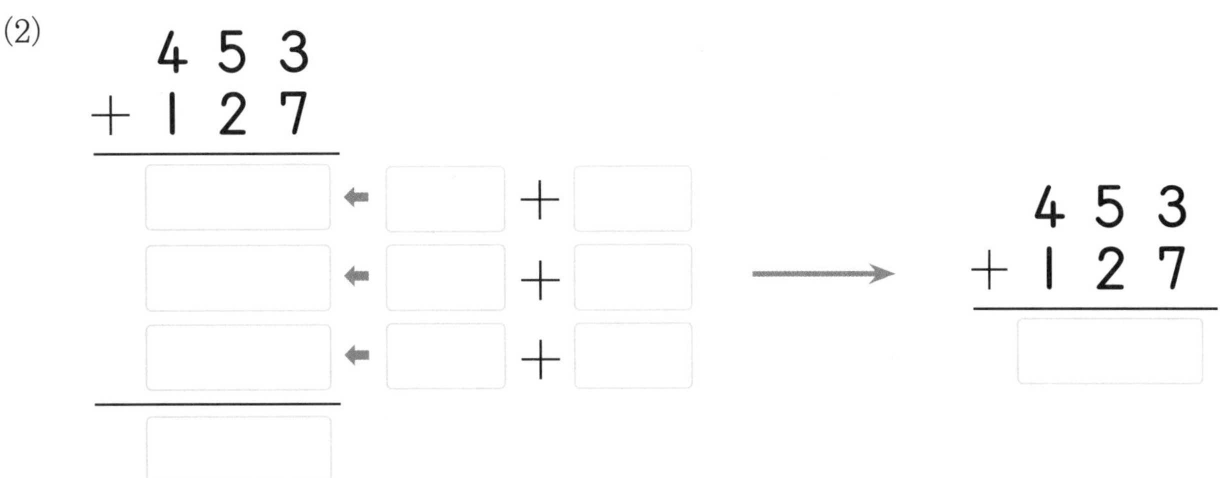

(3)

$$\begin{array}{r} 6\ 2\ 7 \\ +\ 3\ 6\ 8 \\ \hline \end{array}$$

□ ⬅ □ + □

□ ⬅ □ + □

□ ⬅ □ + □

□

→

$$\begin{array}{r} 6\ 2\ 7 \\ +\ 3\ 6\ 8 \\ \hline \end{array}$$

□

(4)

$$\begin{array}{r} 1\ 4\ 5 \\ +\ 1\ 2\ 5 \\ \hline \end{array}$$

□ ⬅ □ + □

□ ⬅ □ + □

□ ⬅ □ + □

□

→

$$\begin{array}{r} 1\ 4\ 5 \\ +\ 1\ 2\ 5 \\ \hline \end{array}$$

□

문제 2 | 다음을 계산하시오.

(1)
$$\begin{array}{r} 357 \\ +\ 126 \\ \hline \end{array}$$

(2)
$$\begin{array}{r} 515 \\ +\ 235 \\ \hline \end{array}$$

(3)
$$\begin{array}{r} 748 \\ +\ 118 \\ \hline \end{array}$$

(4)
$$\begin{array}{r} 486 \\ +\ 109 \\ \hline \end{array}$$

(5)
$$\begin{array}{r} 321 \\ +\ 329 \\ \hline \end{array}$$

(6)
$$\begin{array}{r} 108 \\ +\ 526 \\ \hline \end{array}$$

(7)
$$\begin{array}{r} 569 \\ +\ 329 \\ \hline \end{array}$$

(8)
$$\begin{array}{r} 534 \\ +\ 436 \\ \hline \end{array}$$

문제 2 일의 자리에서 받아올림이 있는 세 자리 수 덧셈의 표준 알고리즘을 완성한다.십의 자리에 기계적으로 1을 넣을 수도 있으므로, 일의 자리부터 먼저 계산하는 절차를 따르는지 주의깊게 지켜보아야 한다.

9일차 일의 자리에서 받아올림이 있는 세 자리 수 덧셈 (3)

공부한 날짜 월 일

문제 1 | □ 안에 알맞은 수를 넣으시오.

(1)

$$\begin{array}{r} 428 \\ +\ 163 \\ \hline \end{array}$$

□ ← 8 + 3
□ ← 20 + 60
□ ← 400 + 100

□

→

$$\begin{array}{r} 428 \\ +\ 163 \\ \hline \square \end{array}$$

(2)

$$\begin{array}{r} 567 \\ +\ 217 \\ \hline \end{array}$$

□ ← □ + □
□ ← □ + □
□ ← □ + □

□

→

$$\begin{array}{r} 567 \\ +\ 217 \\ \hline \square \end{array}$$

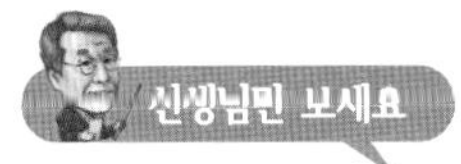

문제 1 일의 자리에서 받아올림이 있는 세 자리 수의 덧셈 연습이다. 앞 차시 문제의 복습이다.

(3)
$$\begin{array}{r} 748 \\ +\ 118 \\ \hline \end{array}$$

(4)
$$\begin{array}{r} 476 \\ +\ 109 \\ \hline \end{array}$$

(5)
$$\begin{array}{r} 331 \\ +\ 329 \\ \hline \end{array}$$

(6)
$$\begin{array}{r} 118 \\ +\ 526 \\ \hline \end{array}$$

문제 2 | 다음을 계산하시오.

(1) $367+105=$

(2) $279+117=$

(3) $718+126=$

(4) $855+125=$

(5) $407+27=$

(6) $107+85=$

(7) $332+128=$

(8) $659+119=$

문제 2 가로식으로 주어진, 일의 자리에서 받아올림이 있는 세 자리 수의 덧셈 문제다. 세로식으로 바꿔 계산할 수도 있지만, 주어진 가로식에서 일의 자리끼리, 십의 자리끼리, 백의 자리끼리(또는 백의 자리부터) 각각 더하여 답을 구할 수도 있다. 이때 계산순서도 세로식에서와 같이 일의 자리부터 구하는 것이 편리함을 깨닫는 것이 중요하다.

(1)의 풀이 예 : 367+125=(7+5)+(60+20)+(300+100)=12+80+400=492

10 일차 십과 일의 자리에서 받아올림이 있는 세 자리 수 덧셈 (1)

공부한 날짜 월 일

문제 1 | 다음을 계산하시오.

(1) $\begin{array}{r} 437 \\ +\ 315 \\ \hline \end{array}$

(2) $\begin{array}{r} 857 \\ +\ 129 \\ \hline \end{array}$

(3) $\begin{array}{r} 238 \\ +\ 634 \\ \hline \end{array}$

(4) $\begin{array}{r} 316 \\ +\ 276 \\ \hline \end{array}$

(5) $\begin{array}{r} 709 \\ +\ 132 \\ \hline \end{array}$

(6) $\begin{array}{r} 533 \\ +\ 357 \\ \hline \end{array}$

(7) $\begin{array}{r} 623 \\ +\ 249 \\ \hline \end{array}$

(8) $\begin{array}{r} 264 \\ +\ 417 \\ \hline \end{array}$

(9) $\begin{array}{r} 446 \\ +\ 119 \\ \hline \end{array}$

문제 1 지금까지 익혔던 일의 자리에서 받아올림이 있는 세 자리 수의 덧셈을 복습한다. 이어서는 십의 자리에서 받아올림의 원리도 다르지 않으므로 오답이 나타났을 때, 그 원인을 파악하고 해결해야만 한다. 단순한 복습이 아니라는 것이다.

(10) $152+29=$

(11) $603+147=$

(12) $589+305=$

(13) $825+157=$

(14) $314+456=$

(15) $738+123=$

문제 2 | 보기와 같이 □ 안에 알맞은 수를 넣으시오.

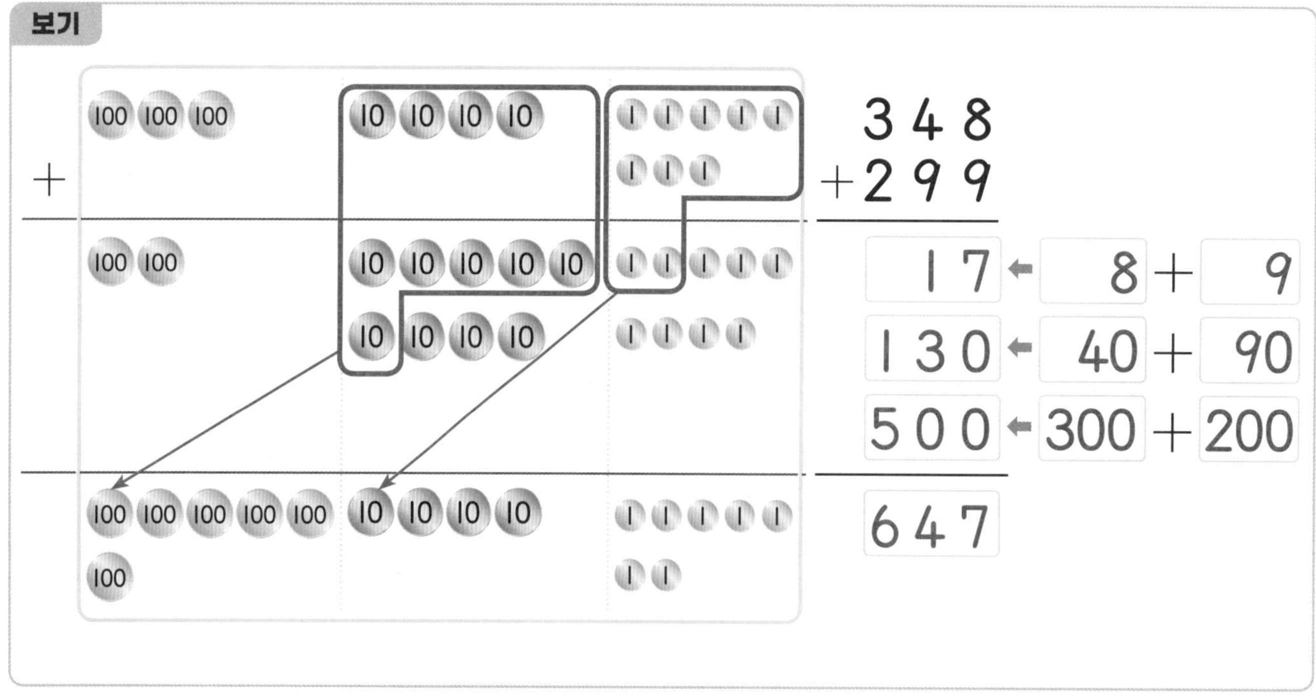

문제 2 일의 자리와 십의 자리에서 받아올림이 두 번 나타나는 세 자리 수의 덧셈이다. 따라서 십의 자리끼리 그리고 백의 자리끼리 더할 때 값이 하나씩 증가하는 것만 주의하면 된다. 이를 먼저 동전에서 확인하는 것이 중요하다. 즉, 일원짜리 10개를 십 원으로, 10원짜리 10개를 백 원으로 교환하는 것을 익힌 후에 옆에 세로식에서 이를 숫자로 나타내도록 한다.

(1)

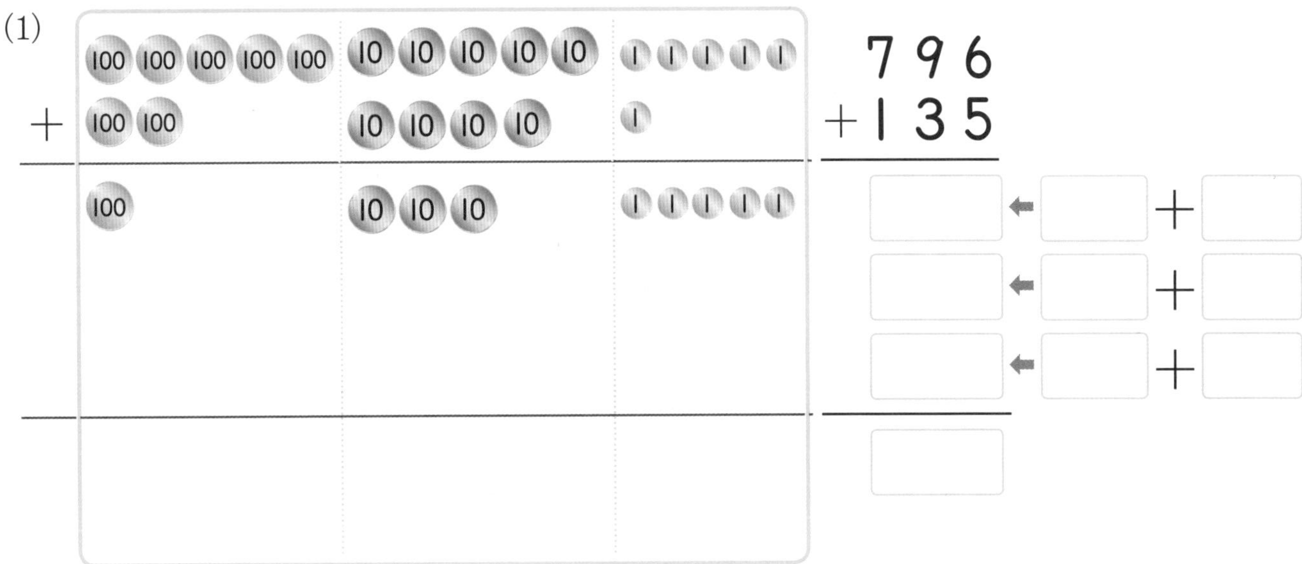

(2)

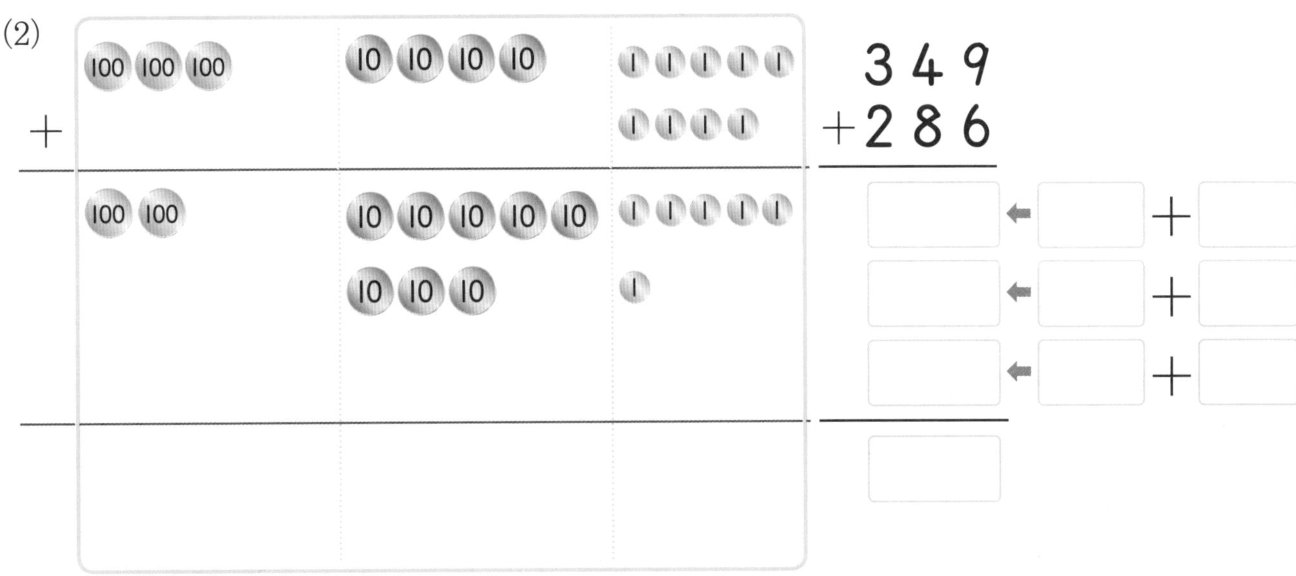

(3)

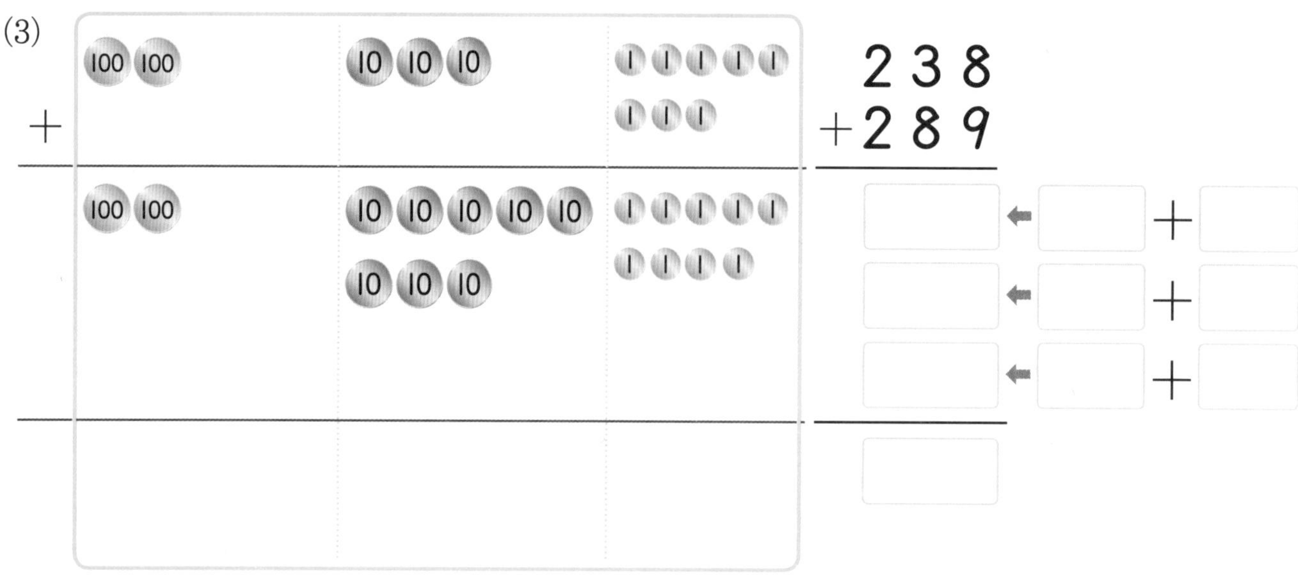
100 100
10 10 10
1 1 1 1 1
1 1 1
+
100 100
10 10 10 10 10
10 10 10
1 1 1 1 1
1 1 1 1
2 3 8
+2 8 9

(4)

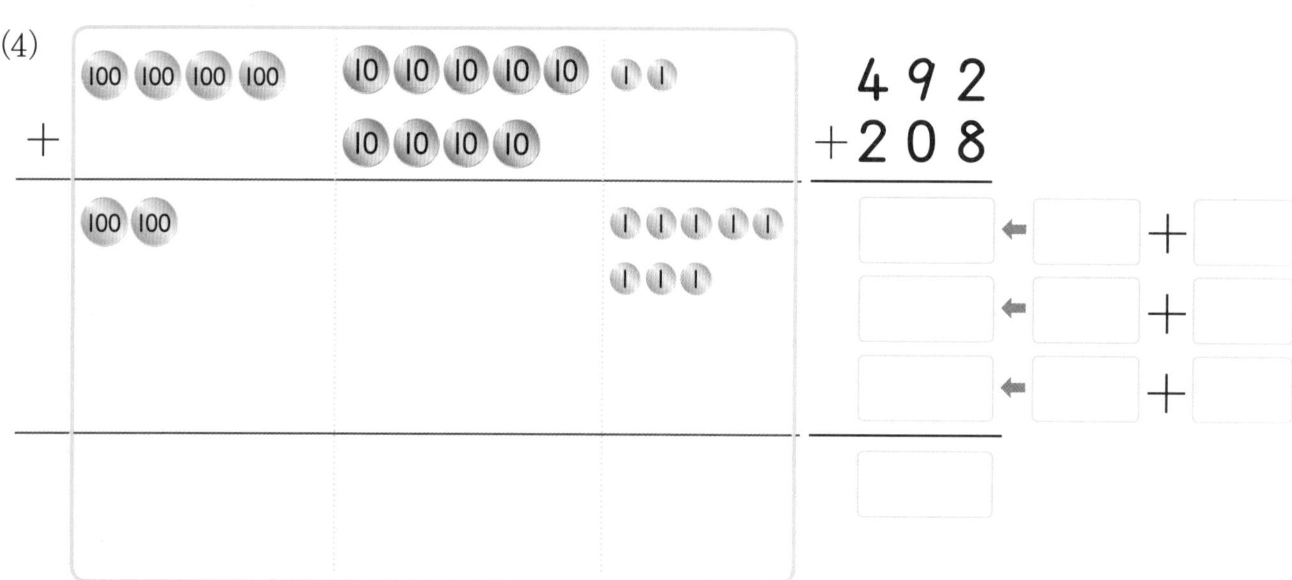
100 100 100 100
10 10 10 10 10
10 10 10 10
1 1
+
100 100
1 1 1 1 1
1 1 1
4 9 2
+2 0 8

11 일차 십과 일의 자리에서 받아올림이 있는 세 자리 수 덧셈 (2)

공부한 날짜 월 일

문제 1 | 보기와 같이 □ 안에 알맞은 수를 넣으시오.

보기

$$\begin{array}{r} 302 \\ +\ 199 \\ \hline 11 \\ 90 \\ 400 \\ \hline 501 \end{array}$$

11 ← 2 + 9

90 ← 0 + 90

400 ← 300 + 100

→

$$\begin{array}{r} {}^{1}\ {}^{1}\ \ \\ 302 \\ +\ 199 \\ \hline 501 \end{array}$$

(1)

$$\begin{array}{r} 476 \\ +\ 358 \\ \hline \square \\ \square \\ \square \\ \hline \square \end{array}$$

□ ← □ + □

□ ← □ + □

□ ← □ + □

→

$$\begin{array}{r} 476 \\ +\ 358 \\ \hline \square \end{array}$$

문제 1 십과 일의 자리에서 받아올림이 있는 세 자리 수의 덧셈 절차를 세로식에서 확인하며 표준 알고리즘을 익히는 문제다. 반드시 왼쪽 세로식을 완성하고 나서 오른쪽 식의 네모를 채워 넣도록 안내한다.

(2)

$$\begin{array}{r} 391 \\ +\ 109 \\ \hline \end{array}$$

□ ⬅ □ + □

□ ⬅ □ + □

□ ⬅ □ + □

□

→

$$\begin{array}{r} 391 \\ +\ 109 \\ \hline \end{array}$$

□

(3)

$$\begin{array}{r} 148 \\ +\ 159 \\ \hline \end{array}$$

□ ⬅ □ + □

□ ⬅ □ + □

□ ⬅ □ + □

□

→

$$\begin{array}{r} 148 \\ +\ 159 \\ \hline \end{array}$$

□

(4)

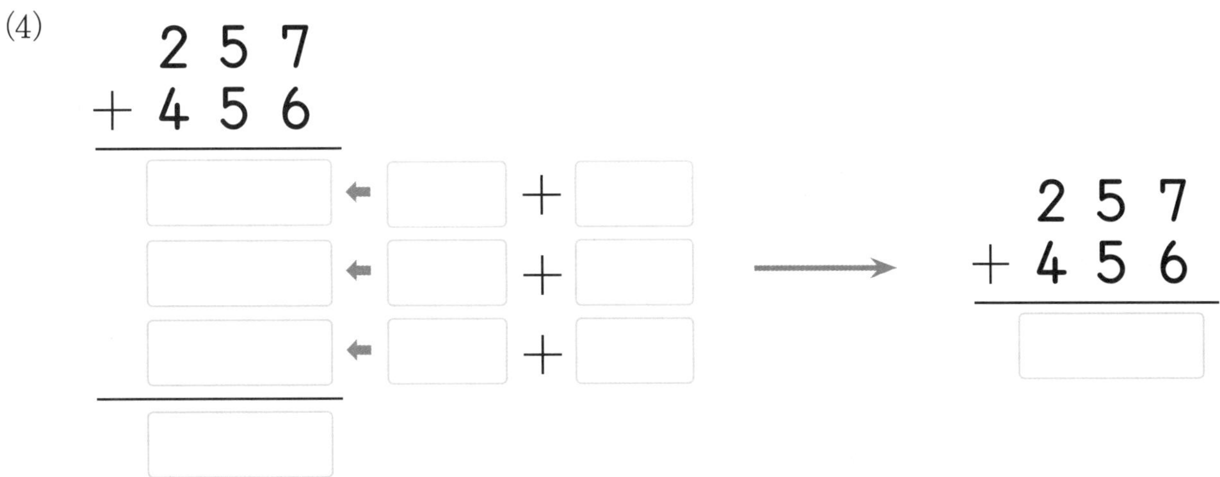

(5)

$$\begin{array}{r} 7\ 6\ 3 \\ +\ 1\ 7\ 9 \\ \hline \square \leftarrow \square + \square \\ \square \leftarrow \square + \square \\ \square \leftarrow \square + \square \\ \hline \square \end{array} \longrightarrow \begin{array}{r} 7\ 6\ 3 \\ +\ 1\ 7\ 9 \\ \hline \square \end{array}$$

문제 2 | 보기와 같이 계산하시오.

보기

$$\begin{array}{r} 1\,1 \\ 5\,5\,2 \\ +\,2\,7\,8 \\ \hline 8\,3\,0 \end{array}$$

(1) $$\begin{array}{r} 4\,6\,7 \\ +\,1\,5\,6 \\ \hline \end{array}$$

(2) $$\begin{array}{r} 2\,7\,3 \\ +\,1\,2\,8 \\ \hline \end{array}$$

(3) $$\begin{array}{r} 6\,8\,4 \\ +\,2\,1\,6 \\ \hline \end{array}$$

(4) $$\begin{array}{r} 2\,9\,9 \\ +\,1\,2\,6 \\ \hline \end{array}$$

(5) $$\begin{array}{r} 3\,5\,9 \\ +\,2\,5\,8 \\ \hline \end{array}$$

(6) $$\begin{array}{r} 1\,3\,5 \\ +\,7\,8\,9 \\ \hline \end{array}$$

(7) $$\begin{array}{r} 5\,4\,8 \\ +\,3\,7\,4 \\ \hline \end{array}$$

(8) $$\begin{array}{r} 1\,8\,2 \\ +\,4\,3\,9 \\ \hline \end{array}$$

(9) $$\begin{array}{r} 3\,5\,4 \\ +\,1\,4\,6 \\ \hline \end{array}$$

(10) $$\begin{array}{r} 4\,5\,9 \\ +\,1\,4\,7 \\ \hline \end{array}$$

(11) $$\begin{array}{r} 7\,2\,3 \\ +\,1\,7\,8 \\ \hline \end{array}$$

문제 2 십과 일의 자리에서 받아올림이 있는 세 자리 수의 덧셈에 대한 표준 알고리즘을 완성하는 문제다. 일의 자리부터 먼저 계산하는 절차를 따르는지 주의 깊게 지켜보아야 한다.

12 일차 큰 수의 덧셈 (1)

공부한 날짜 월 일

문제 1 | 보기와 같이 □ 안에 알맞은 수를 넣으시오.

보기

$$\begin{array}{r} 3735 \\ +\ 2596 \\ \hline \end{array}$$

결과		수		수
11	←	5	+	6
120	←	30	+	90
1200	←	700	+	500
5000	←	3000	+	2000
6331				

→

$$\begin{array}{r} 1\ 1\ 1\ \ \\ 3735 \\ +\ 2596 \\ \hline 6331 \end{array}$$

(1)

$$\begin{array}{r} 1636 \\ +\ 1489 \\ \hline \end{array}$$

결과		수		수
□	←	□	+	□
□	←	□	+	□
□	←	□	+	□
□	←	□	+	□
□				

→

$$\begin{array}{r} 1636 \\ +\ 1489 \\ \hline \square \end{array}$$

문제 1 네 자리 수의 덧셈 절차를 세로식에서 익힌다. 백의 자리에서 받아올림만 제외하고 세 자리 수의 덧셈과 다르지 않다. 역시 일의 자리부터 계산한다.

(2)

$$\begin{array}{r} 3356 \\ +\ 2374 \\ \hline \end{array}$$

□ ⇐ □ + □

□ ⇐ □ + □ → $\begin{array}{r} 3356 \\ +\ 2374 \\ \hline \square \end{array}$

□ ⇐ □ + □

□ ⇐ □ + □

□

(3)

$$\begin{array}{r} 2853 \\ +\ 1695 \\ \hline \end{array}$$

□ ⇐ □ + □

□ ⇐ □ + □ → $\begin{array}{r} 2853 \\ +\ 1695 \\ \hline \square \end{array}$

□ ⇐ □ + □

□ ⇐ □ + □

□

(4)

$$\begin{array}{r} 2761 \\ +\,2839 \\ \hline \end{array}$$

□ ⬅ □ + □

□ ⬅ □ + □

□ ⬅ □ + □

□ ⬅ □ + □

□

→

$$\begin{array}{r} 2761 \\ +\,2839 \\ \hline \end{array}$$

□

문제 2 | 보기와 같이 계산하시오.

보기

$$\begin{array}{r} 1\;1\;1\;\; \\ 2486 \\ +\,1675 \\ \hline 4161 \end{array}$$

(1)

$$\begin{array}{r} 1387 \\ +\,4926 \\ \hline \end{array}$$

□

(2)

$$\begin{array}{r} 2412 \\ +\,5789 \\ \hline \end{array}$$

□

(3)

$$\begin{array}{r} 3572 \\ +\,468 \\ \hline \end{array}$$

□

문제 2 네 자리 수의 덧셈의 각 자리 수 넘기기를 축약한 표준 알고리즘의 완성이다.

(4)

$$\begin{array}{r} 3446 \\ +\ 2576 \\ \hline \end{array}$$

(5)

$$\begin{array}{r} 1609 \\ +\ \ 392 \\ \hline \end{array}$$

(6)

$$\begin{array}{r} 8857 \\ +\ \ 597 \\ \hline \end{array}$$

(7)

$$\begin{array}{r} 1423 \\ +\ 1999 \\ \hline \end{array}$$

(8)

$$\begin{array}{r} 5435 \\ +\ 3889 \\ \hline \end{array}$$

(9)

$$\begin{array}{r} 6235 \\ +\ 2789 \\ \hline \end{array}$$

(10)

$$\begin{array}{r} 4386 \\ +\ \ 684 \\ \hline \end{array}$$

(11)

$$\begin{array}{r} 2917 \\ +\ 3586 \\ \hline \end{array}$$

13 일차 큰 수의 덧셈 (2)

공부한 날짜 월 일

문제 1 | 다음을 계산하시오.

(1)
$$\begin{array}{r} 5315 \\ +\ 2926 \\ \hline \end{array}$$

(2)
$$\begin{array}{r} 1111 \\ +\ 2889 \\ \hline \end{array}$$

(3)
$$\begin{array}{r} 4009 \\ +\ 3991 \\ \hline \end{array}$$

(4)
$$\begin{array}{r} 4457 \\ +\ 4895 \\ \hline \end{array}$$

(5)
$$\begin{array}{r} 1986 \\ +\ 2778 \\ \hline \end{array}$$

(6)
$$\begin{array}{r} 8235 \\ +\ 1565 \\ \hline \end{array}$$

(7)
$$\begin{array}{r} 6254 \\ +\ 2647 \\ \hline \end{array}$$

(8)
$$\begin{array}{r} 3114 \\ +\ 5896 \\ \hline \end{array}$$

문제 1 앞 차시에서 익혔던 네 자리 수의 덧셈을 복습한다.

문제 2 | 다음을 합하여 □ 안에 채워보세요.

(1)

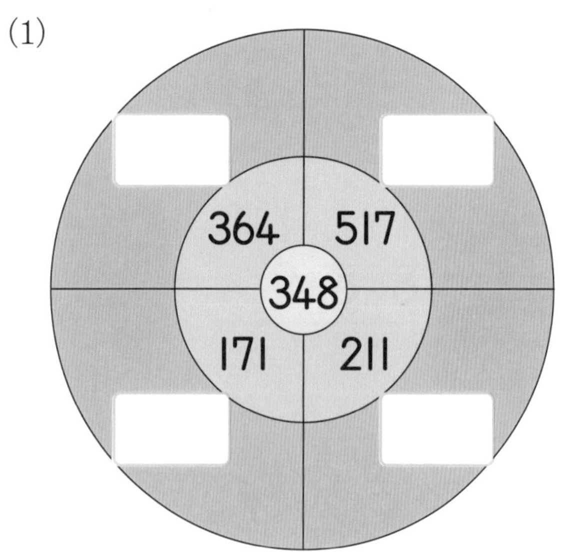

(2)

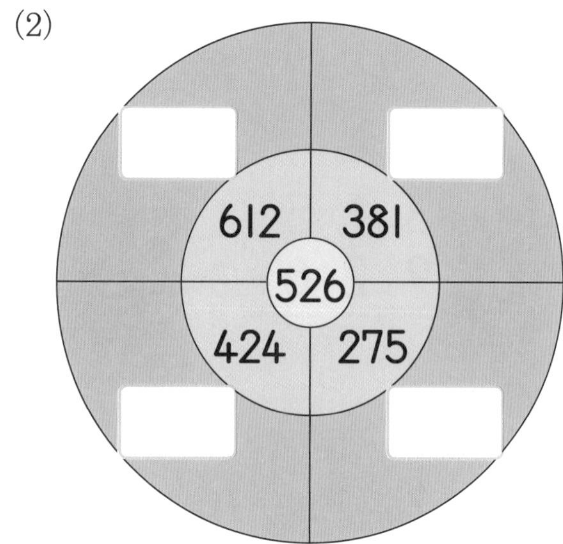

(3)

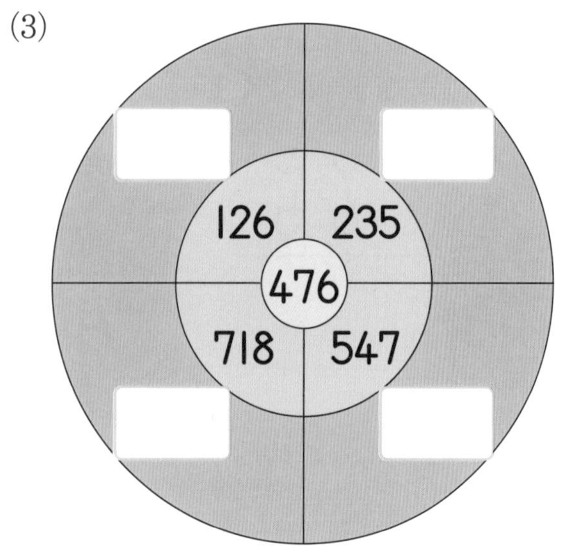

(4)

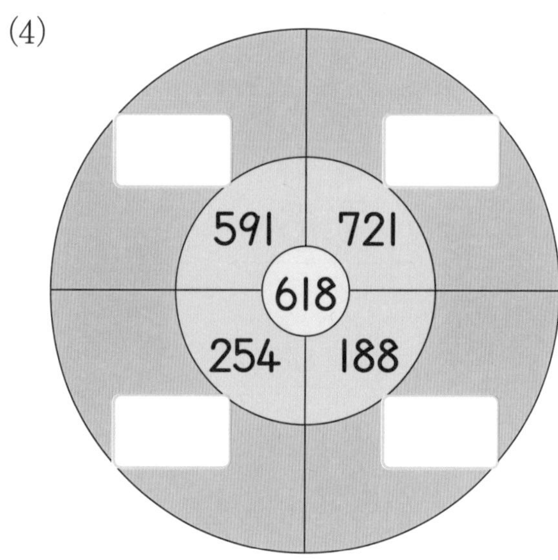

문제 2 더하는 수(또는 더해지는 수)를 고정한 세 자리 수의 덧셈이다.

14 일차 큰 수의 덧셈 (3)

공부한 날짜 　　월 　　일

문제 1 | 다음을 계산하시오.

(1)
$$\begin{array}{r} 3\ 7\ 5 \\ +\ 5\ 4\ 6 \\ \hline \end{array}$$

(2)
$$\begin{array}{r} 7\ 4\ 3 \\ +\ \ \ 5\ 8 \\ \hline \end{array}$$

(3)
$$\begin{array}{r} 4\ 8\ 2 \\ +\ 3\ 6\ 5 \\ \hline \end{array}$$

(4)
$$\begin{array}{r} 5\ 2\ 4 \\ +\ 7\ 9\ 6 \\ \hline \end{array}$$

(5)
$$\begin{array}{r} 4\ 8\ 5\ 1 \\ +\ 2\ 9\ 8\ 6 \\ \hline \end{array}$$

(6)
$$\begin{array}{r} 3\ 6\ 2\ 7 \\ +\ 1\ 5\ 5\ 3 \\ \hline \end{array}$$

(7) $639+84=$

(8) $473+195=$

(9) $538+296=$

(10) $195+236=$

(11) $1495+4385=$

(12) $1746+5275=$

문제 1 앞 차시에서 익혔던 세 자리와 네 자리 수의 덧셈을 세로식과 가로식에서 해결한다.

문제 2 | 보기와 같이 □ 안에 알맞은 수를 넣으시오.

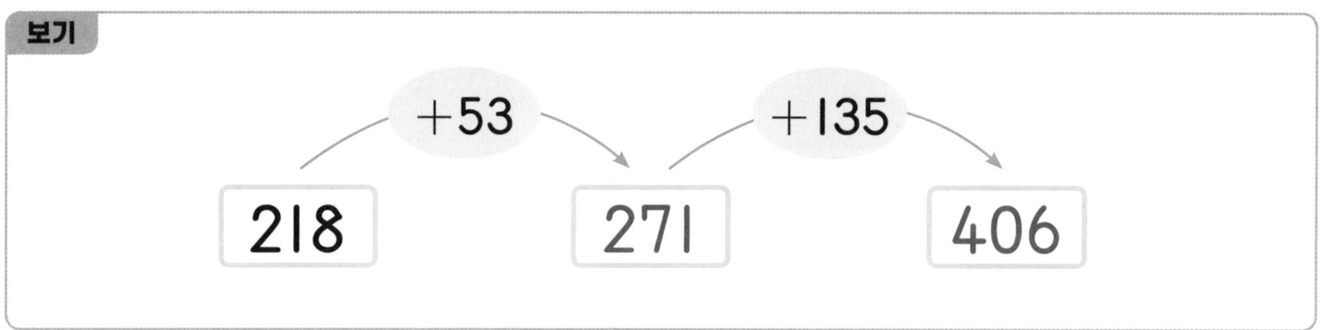

(1)

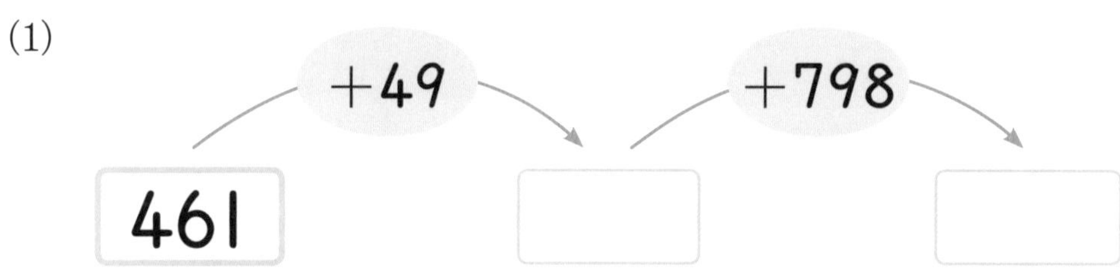

(2)

+249 +379

683 → □ → □

(3)

+265 +297

359 → □ → □

문제 2 연속으로 두 번 더하는 덧셈 문제를 해결하며 자연수 덧셈을 복습한다.

(4)

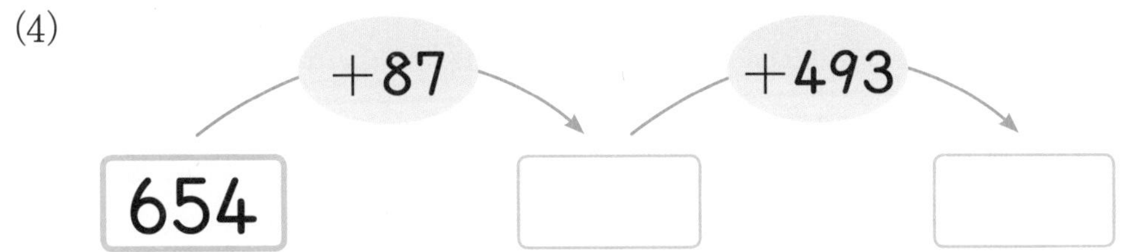

(5)

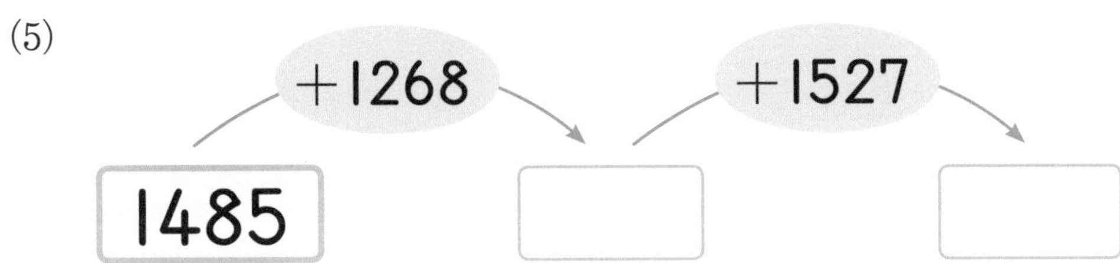

문제 3 | 직접 채점을 해보고, 틀린 답을 바르게 고치시오.

(1) 483+228=711

(2) 235+572=807

(3) 736+156=882

(4) 682+59=1272

(5) 364+86=450

(6) 175+94=269

(7) 2146+1357=3513

(8) 1635+3548=5283

(9) 3962+1039=5001

(10) 4257+2748=7005

문제 3 피채점자에서 채점자로 역할을 바꿔 자연수 덧셈을 마무리한다.

연산 학습에 방해가 되는 어림

3학년 덧셈과 뺄셈 단원에 다른 나라 교과서에서는 찾아볼 수 없는 내용이 들어 있어 현장의 교사들이 의아해한다. 예를 들어 215+329 또는 328−192와 같은 세 자리 수의 덧셈과 뺄셈을 배우기 전에 대략값이 얼마인지 어림해보라는 문제가 그것이다. 실제로 학교 교사들은 어림셈이 등장하는 부분에서 '혼란스럽다', '생뚱맞다'는 반응을 보인다.

물론 어림 활동은 그 자체로 의미 있는 것으로, 그 필요성을 요약하면 다음과 같다.

첫째, 어림 활동은 일상생활에서 신속한 의사결정을 가능하게 한다. 예를 들어, 마트에서 같은 물건이라도 어느 제품이 더 싼지를 비교할 때 또는 갖고 있는 금액을 넘지 않도록 물건을 구입할 때 등 일상생활에서의 문제 해결에 필요하다.

둘째, 계산하기 편한 근삿값을 구하는 과정에서의 어림 활동은 수의 구조와 연산에 대한 이해를 더 견고히 다질 수 있도록 도와준다.

셋째, 어림 활동은 정확한 계산을 위해서도 필요하다. 터무니없는 계산 결과를 얻었을 때, '이상하다. 이런 값이 나올 리가 없는데...'라고 생각했다면 이는 어림셈을 이용하여 답의 타당성을 검증했기 때문이다.

마지막으로 어림하기는 수학의 문제해결 능력에도 기여할 수 있다. 어림셈에 의해 어떤 연산이 적용되는지 결정하면서 시행착오를 줄일 수 있다.

그렇다면 나름의 수학적 의미를 가진 어림 활동을 어떻게 제시하는 것이 바람직할까?

첫째, 어림은 어느 한 영역, 한 시기에 집중하기보다는 수학 학습 전 영역에 걸쳐 접하도록 하는 것을 추천한다. 정확한 답을 구하는 데 초점을 둔 알고리즘 학습과 함께 진행하지 않아야 하며, 어림이 필요한 다양한 상황에서 경험하는 것이 자연스럽다.

둘째, 어림이 필요한 상황 즉, 어림의 유용성을 인식할 수 있는 상황과 연계지어야 한다. 알고리즘 학습에 어림 활동이 끼어들어서는 안 되며, 어림값이 필요한 상황에 민감해질 수 있도록 가르쳐야 한다.

셋째, '반올림'과 같이 단순한 어림하기 기능도, 우선 주어진 상황에서 어림하기가 필요한가를 판단한 후에 어떤 계산 방법을 이용할 것인지를 결정하는 과정부터 시작되어야 한다.

그러므로 위의 세 가지를 만족하는 어림 활동은 연산이 아닌 수 단원에 국한되어야 한다. 수 단원에서 '어떤 수가 어느 수에 가까운지' 알아보거나, '어림하기의 유용성을 느낄 수 있는 문제'를 제시하는 것은 수의 감각을 형성하려는 수 단원의 목표와도 일치하기 때문이다. 따라서 알고리즘 학습과 어림에 관한 학습은 분리되어야 한다.

그러므로 어림셈은 별도로 가르칠 필요가 없다.

2 뺄셈의 완성

1 일차 | 두 자리 수 뺄셈
2 일차 | 받아내림이 없는 세 자리 수 뺄셈 (1)
3 일차 | 받아내림이 없는 세 자리 수 뺄셈 (2)
4 일차 | 받아내림이 없는 세 자리 수 뺄셈 (3)
5 일차 | 십의 자리에서 받아내림이 있는 세 자리 수 뺄셈 (1)
6 일차 | 십의 자리에서 받아내림이 있는 세 자리 수 뺄셈 (2)
7 일차 | 십의 자리에서 받아내림이 있는 세 자리 수 뺄셈 (3)
8 일차 | 백의 자리에서 받아내림이 있는 세 자리 수 뺄셈 (1)
9 일차 | 백의 자리에서 받아내림이 있는 세 자리 수 뺄셈 (2)
10 일차 | 백의 자리에서 받아내림이 있는 세 자리 수 뺄셈 (3)
11 일차 | 백과 십의 자리에서 받아내림이 있는 세 자리 수 뺄셈 (1)
12 일차 | 백과 십의 자리에서 받아내림이 있는 세 자리 수 뺄셈 (2)
13 일차 | 백과 십의 자리에서 받아내림이 있는 세 자리 수 뺄셈 (3)
14 일차 | 백과 십의 자리에서 받아내림이 있는 세 자리 수 뺄셈 (4)
15 일차 | 세 자리 수의 덧셈과 뺄셈

1 일차 두 자리 수 뺄셈

공부한 날짜 월 일

문제 1 | □ 안에 알맞은 수를 넣으시오.

보기

$$\begin{array}{r} {\scriptstyle 2\ \ 10} \\ \not{3}\ 6 \\ -\ 1\ 9 \\ \hline \boxed{7} \rightarrow \boxed{16} - \boxed{9} \\ \boxed{1\ 0} \rightarrow \boxed{20} - \boxed{10} \\ \hline \boxed{1\ 7} \end{array}$$

(1)

$$\begin{array}{r} 2\ 5 \\ -\ \ \ 6 \\ \hline \square \rightarrow \square - \square \\ \square \rightarrow \square - \square \\ \hline \square \end{array}$$

(2)

$$\begin{array}{r} 1\ 2 \\ -\ \ \ 4 \\ \hline \square \rightarrow \square - \square \\ \square \rightarrow \square - \square \\ \hline \square \end{array}$$

(3)

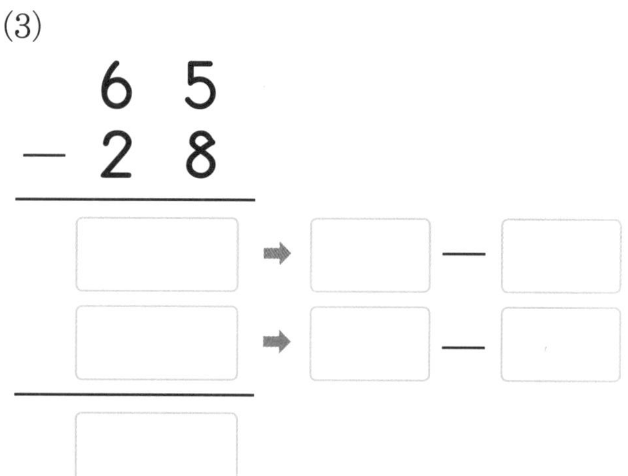

$$\begin{array}{r} 6\ 5 \\ -\ 2\ 8 \\ \hline \square \rightarrow \square - \square \\ \square \rightarrow \square - \square \\ \hline \square \end{array}$$

문제 1 2학년에서 배웠던 두 자리 수의 뺄셈은 '받아내림'이라는 표준 알고리즘의 습득이 핵심이며, 3학년에서 배우는 '세 자리 수 이상의 뺄셈'의 기초다. 세로식으로 주어진 두 자리 수의 뺄셈을 위해 십의 자리에서 받아내림하는 과정을 빈칸의 숫자를 채워넣으며 복습한다.

(4)

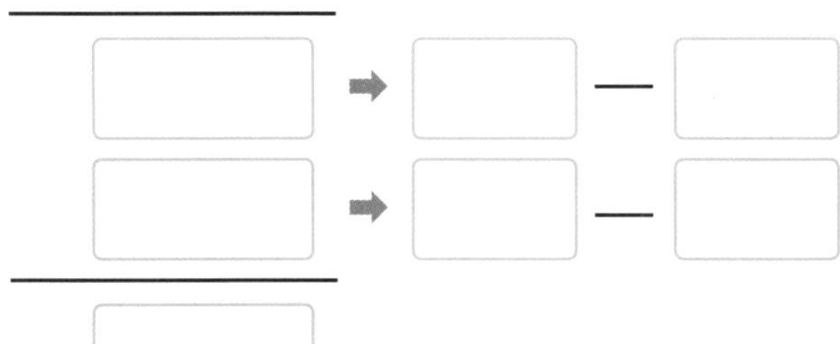

$$\begin{array}{r} 84 \\ -\ 57 \\ \hline \end{array}$$

(5)

$$\begin{array}{r} 50 \\ -\ 36 \\ \hline \end{array}$$

(6)

$$\begin{array}{r} 43 \\ -\ 15 \\ \hline \end{array}$$

(7)

$$\begin{array}{r} 37 \\ -\ 28 \\ \hline \end{array}$$

(8)

$$\begin{array}{r} 90 \\ -\ 48 \\ \hline \end{array}$$

(9)

$$\begin{array}{r} 72 \\ -\ 39 \\ \hline \end{array}$$

문제 2 | 다음을 계산하시오.

(1)
$$\begin{array}{r} 25 \\ -\ \ 8 \\ \hline \end{array}$$

(2)
$$\begin{array}{r} 43 \\ -\ \ 6 \\ \hline \end{array}$$

(3)
$$\begin{array}{r} 17 \\ -\ \ 9 \\ \hline \end{array}$$

(4)
$$\begin{array}{r} 87 \\ -\ 39 \\ \hline \end{array}$$

(5)
$$\begin{array}{r} 91 \\ -\ 54 \\ \hline \end{array}$$

(6)
$$\begin{array}{r} 60 \\ -\ 24 \\ \hline \end{array}$$

(7)
$$\begin{array}{r} 53 \\ -\ 17 \\ \hline \end{array}$$

(8)
$$\begin{array}{r} 40 \\ -\ 26 \\ \hline \end{array}$$

(9)
$$\begin{array}{r} 72 \\ -\ 38 \\ \hline \end{array}$$

선생님만 보세요

문제 2 문제 1에서 단계별로 익힌 두 자리 수 뺄셈 과정을 세로식에서 실행하는 문제다. 틀린 답이 있다면 실수로 인한 것인지 또는 알고리즘 이해 부족 때문인지를 판별해야 한다. 실수에 의한 것이라면 지나치게 빠른 계산을 강요하지 않도록 하고, 알고리즘의 이해의 부족이라면 2학년 과정을 다시 반복하도록 지도해야 한다. 시간은 충분하다.

2 일차 받아내림이 없는 세 자리 수 뺄셈 (1)

공부한 날짜 월 일

문제 1 | 보기처럼 수직선을 이용하여 다음을 계산하시오.

보기

$460-320=\boxed{140}$

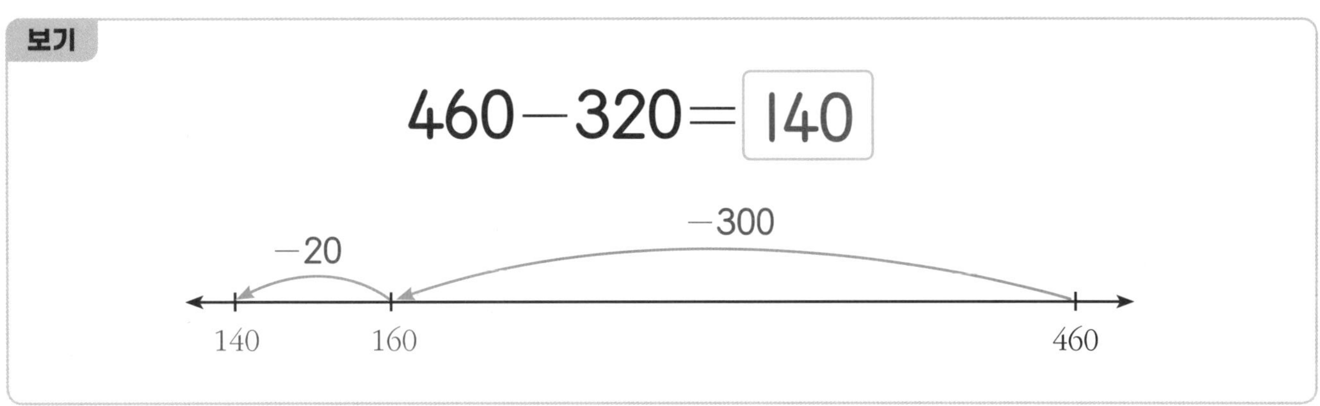

(1) $570-320=\square$

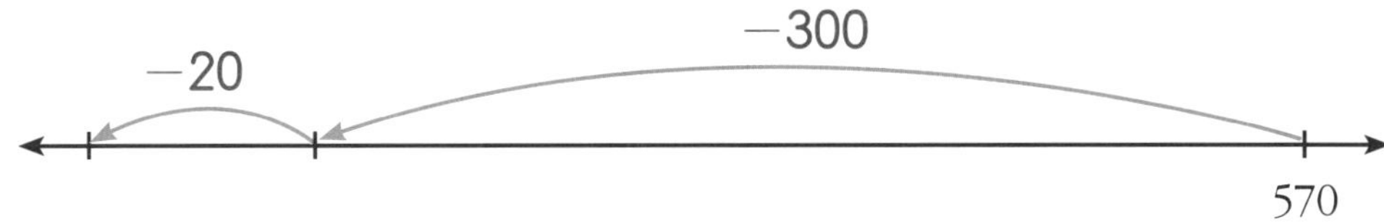

(2) $185-104=\square$

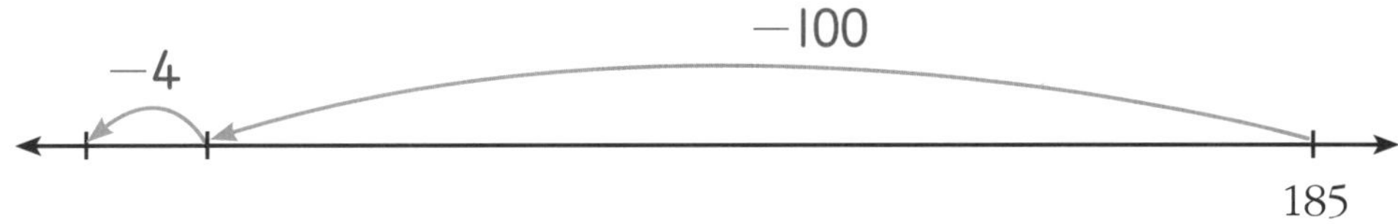

(3) $766-140=\square$

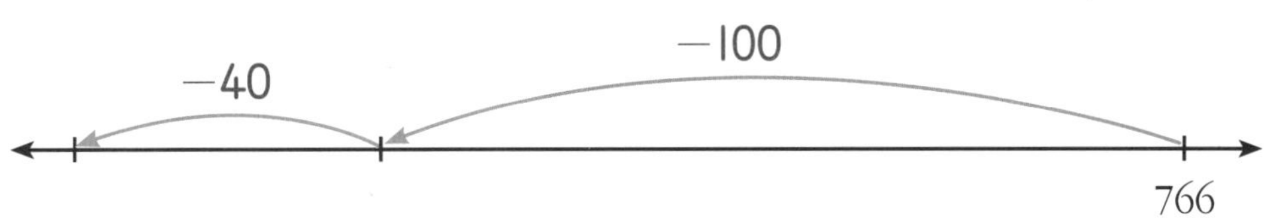

문제 1 받아내림이 없는 세 자리수 뺄셈에서 백의 사리, 십의 사리, 일의 자리 이농을 수식선에서 확인하며 납을 구한나.

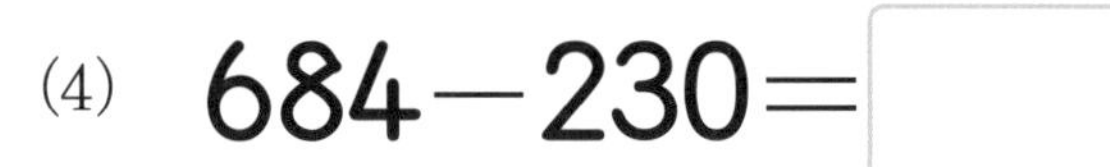

(4) 684−230= ☐

(5) 684−203= ☐

(6) 869−410= ☐

(7) 653−401= ☐

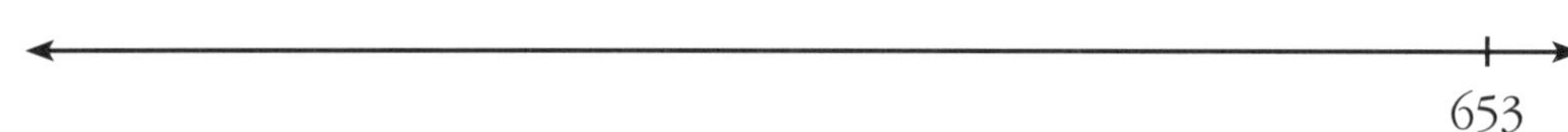

(8) 452−250= ☐

(9) $353-210=$ ☐

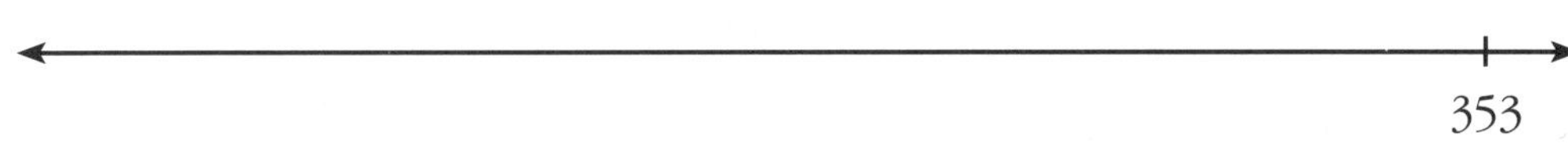

문제 2 | 지갑에서 돈을 꺼내 물건을 사고 나면, 지갑에 남은 돈은 얼마일까요?

(1)

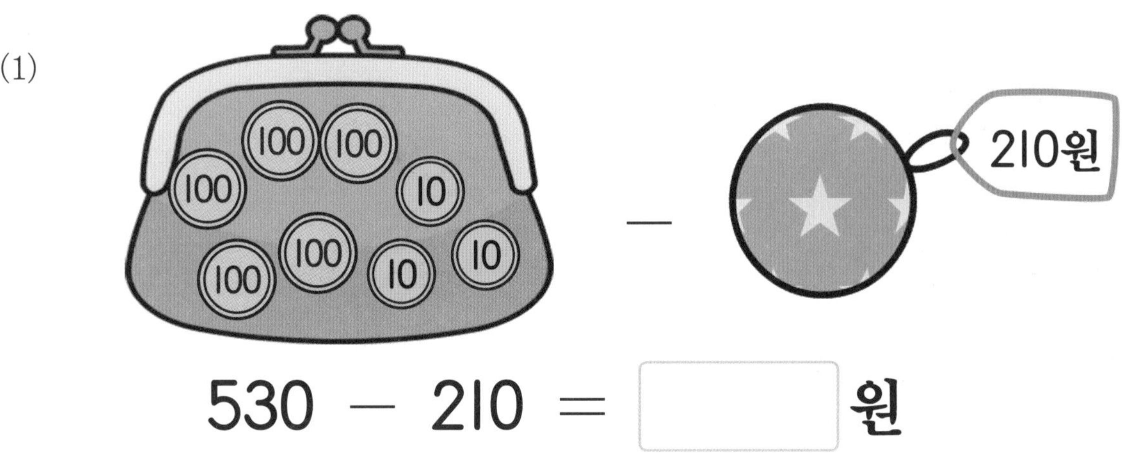

530 − 210 = ☐ 원

(2)

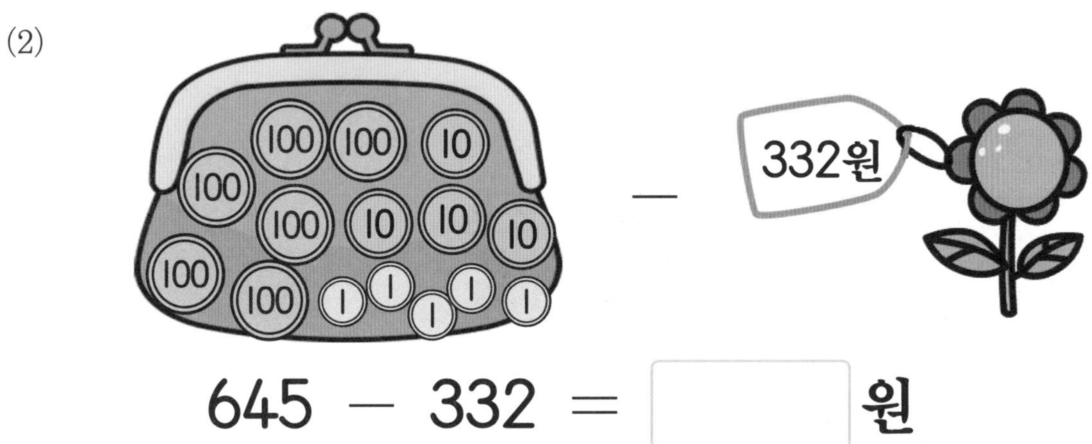

645 − 332 = ☐ 원

문제 2 백 원, 십 원, 일 원짜리 동전을 이용하여 받아내림이 없는 세 자리 수의 뺄셈을 연습한다. 남는 동전의 개수가 뺄셈의 답이다.

(3)

227 − 203 = ☐원

(4)

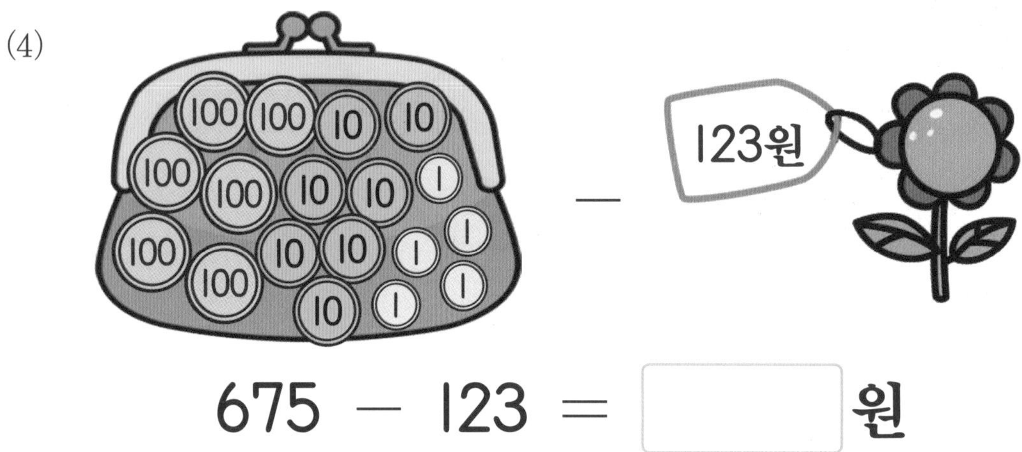

675 − 123 = ☐원

(5)

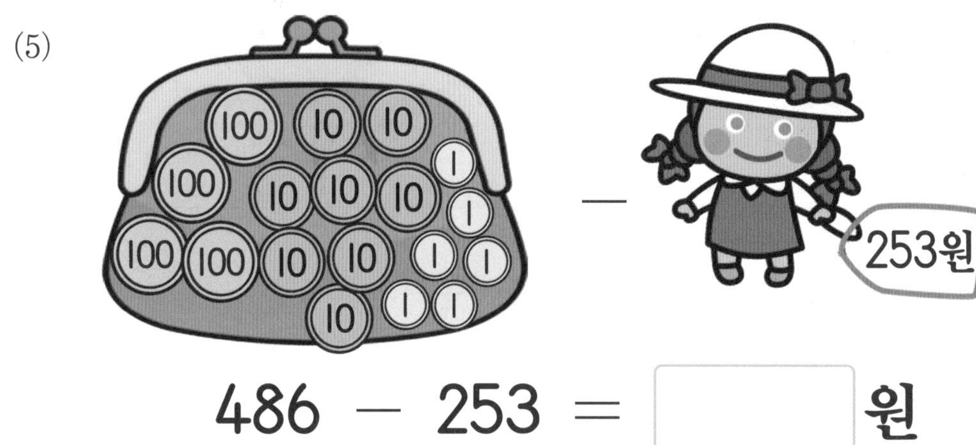

486 − 253 = ☐원

3일차 받아내림이 없는 세 자리 수 뺄셈 (2)

공부한 날짜 월 일

문제 1 | 보기와 같이 계산하시오.

보기

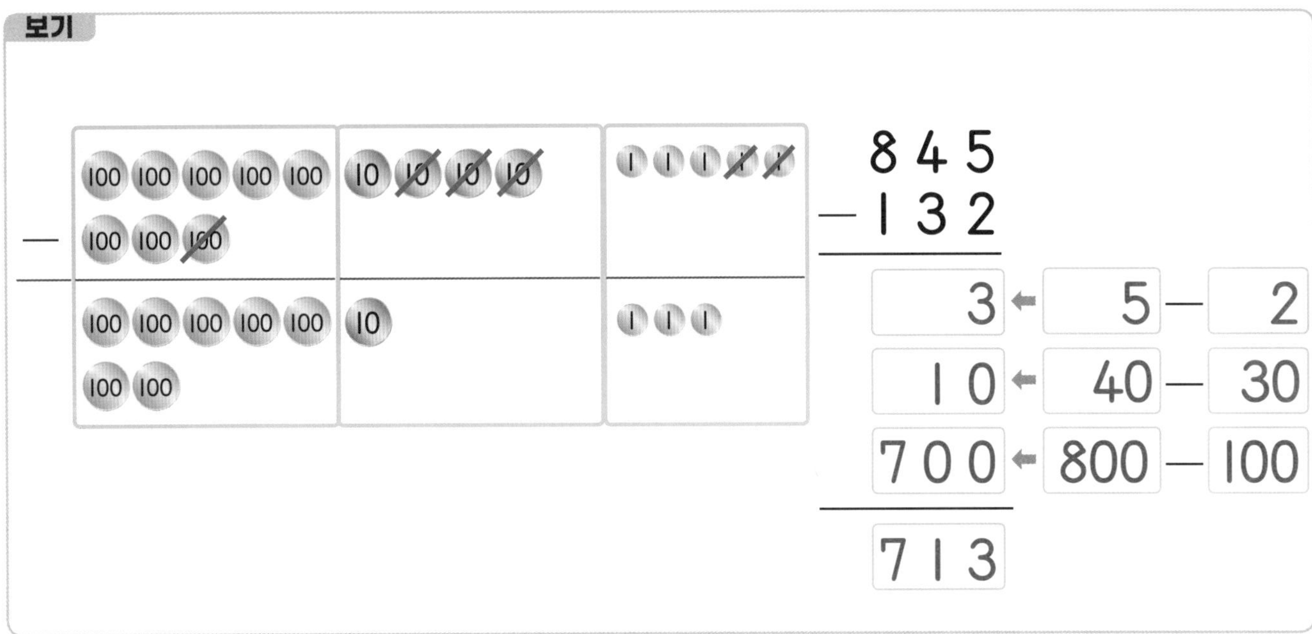

(1)

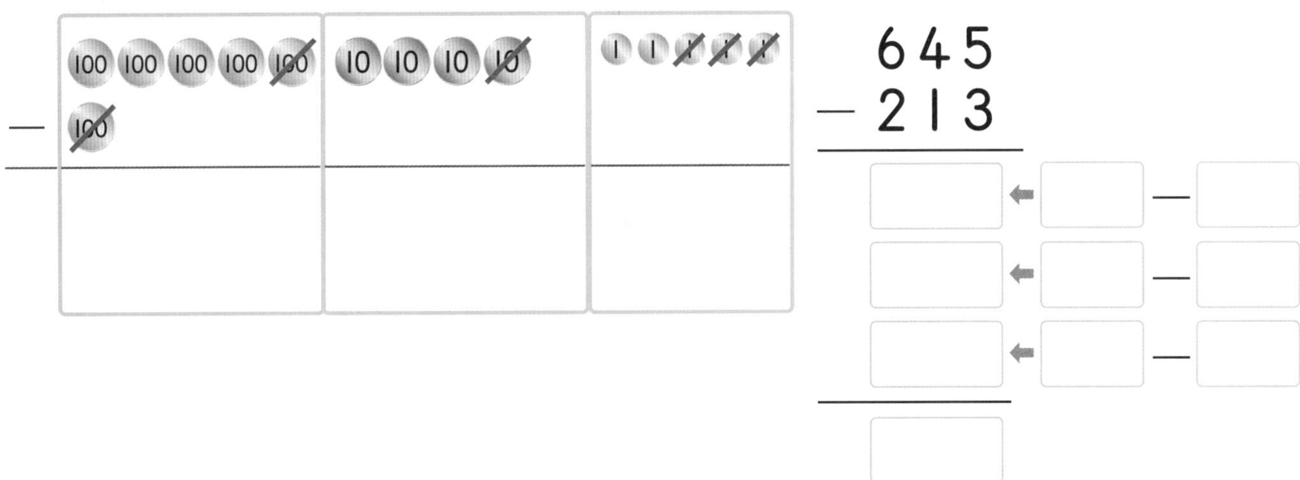

문제 1 동전 모델을 통해 세로식으로 주어진 세 자리 수의 뺄셈 구조를 확인한다. 가로식보다 세로식이 왜 편리한지를 깨달을 수 있는 문제다. 답을 구한 후에 이에 대해 논의해볼 것을 권장한다.

(2)

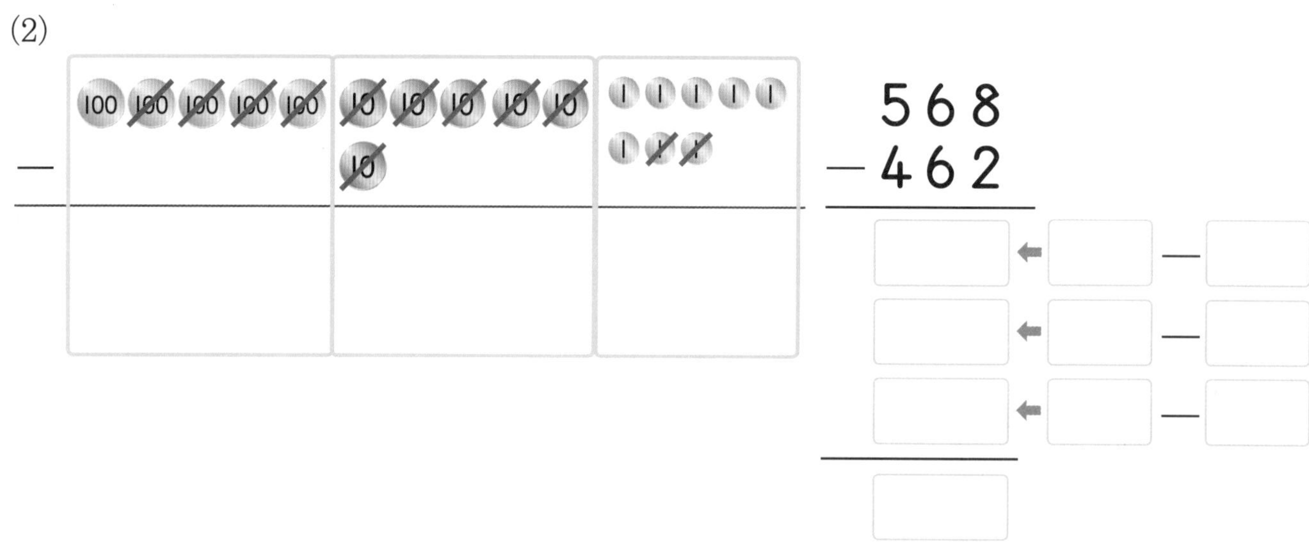

(3)

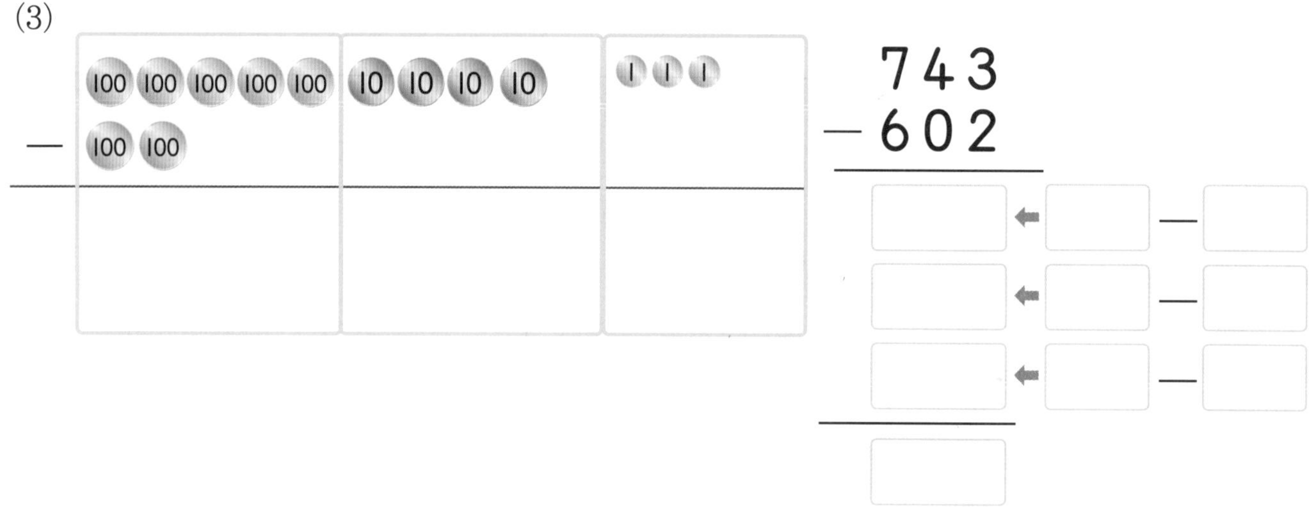

(4)

100 100 100 100 100 100 100 100	10 10 10	1 1 1 1 1

$$\begin{array}{r} 835 \\ -\ 321 \\ \hline \end{array}$$

(5)

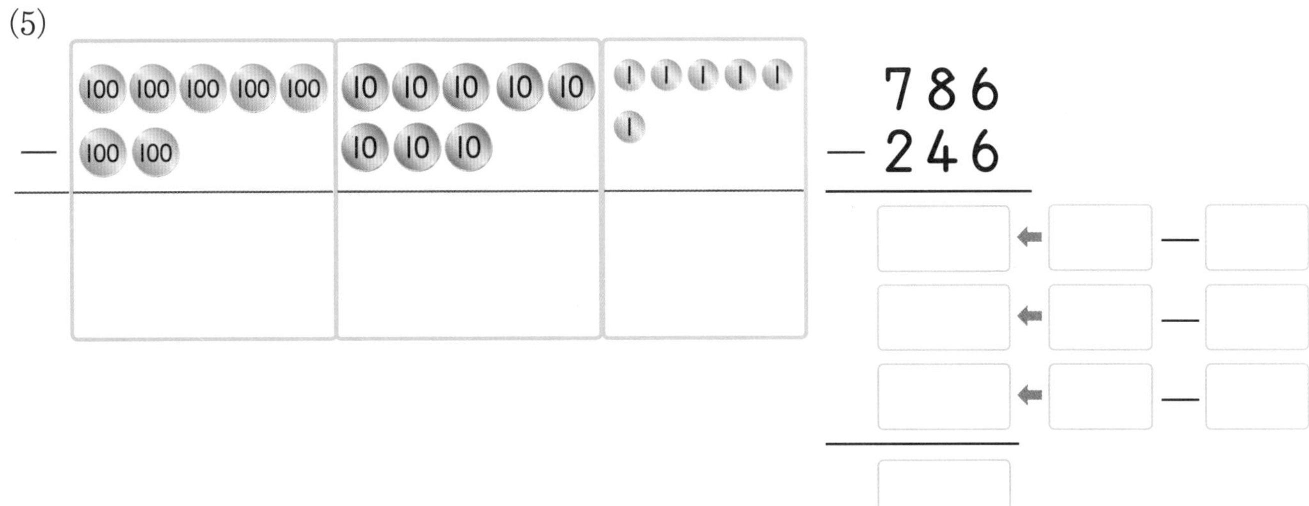

문제 2 | 보기와 같이 계산하시오.

보기

$$\begin{array}{r} 530 \\ -\ 410 \\ \hline 120 \end{array}$$

(1)
$$\begin{array}{r} 450 \\ -\ 410 \\ \hline \end{array}$$

(2)
$$\begin{array}{r} 862 \\ -\ 321 \\ \hline \end{array}$$

(3)
$$\begin{array}{r} 704 \\ -\ 204 \\ \hline \end{array}$$

(4)
$$\begin{array}{r} 499 \\ -\ 256 \\ \hline \end{array}$$

(5)
$$\begin{array}{r} 753 \\ -\ 152 \\ \hline \end{array}$$

(6)
$$\begin{array}{r} 328 \\ -\ 116 \\ \hline \end{array}$$

(7)
$$\begin{array}{r} 723 \\ -\ 501 \\ \hline \end{array}$$

(8)
$$\begin{array}{r} 623 \\ -\ 210 \\ \hline \end{array}$$

문제 2 [문제 1]에서 확인한 세로식에서 세 자리 수 뺄셈을 연습한다. 받아내림이 없으므로 각 자리 수의 뺄셈만 실행하면 답을 얻을 수 있다.

4 일차 받아내림이 없는 세 자리 수 뺄셈 (3)

공부한 날짜 월 일

문제 1 | 빈 칸에 알맞은 수를 넣으시오.

(1)

—	400	30	6	36	436
588	188	558	582		
736					

(2)

—	100	50	3	53	153
195					
476					

(3)

—	200	30	1	31	231
653					
483					

(4)

—	200	50	3	53	253
859					
274					

문제 1 각 자리 수의 뺄셈을 직시각형 모양의 표에서 확인하는 문제다. 앞의 덧셈과 같이 몇백, 몇십, 몇을 각각 빼면서 세 자리 수 뺄셈에서 자릿값의 변화를 확인한다.

(5)

↱ −	500	40	2	42	542
749					
694					

문제 2 | 다음 뺄셈의 답을 구하시오.

(1)

$$\begin{array}{r} 695 \\ -\ 253 \\ \hline \end{array}$$

(2)

$$\begin{array}{r} 215 \\ -\ 105 \\ \hline \end{array}$$

(3)

$$\begin{array}{r} 368 \\ -\ 216 \\ \hline \end{array}$$

(4) $623-210=$

(5) $584-271=$

(6) $713-501=$

(7) $904-402=$

(8) $465-135=$

(9) $357-325=$

문제 2 세로식과 가로식에서 받아내림이 없는 세 자리 수의 뺄셈을 연습한다.

세 자리 수 뺄셈도 덧셈과 동일하게!

세 자리수의 뺄셈도 결국 알고리즘의 습득이 목표다. 그 과정도 덧셈에서와 같이 점진적으로 습득해야 한다. 다음과 같이 세로식에서 알고리즘이 완성되는 단계를 확인하는 과정이 필요하다.

문제 **다음을 계산하시오.**

```
  4 10
  5̸  1  8
− 1  3  7
─────────
      1  ← 8 − 7
    8 0  ← 110 − 30
  3 0 0  ← 400 − 100
─────────
  3 8 1
```

→

```
  5 1 8
− 1 3 7
───────
  3 8 1
```

뺄셈 10−30이 불가능하므로 백의 자리에서 받아내림을 하여 뺄셈 110−30을 완성한다. 이때 빼어지는 수의 백의 자리 5가 4로 바뀌는 것에 주의한다. 결국 받아내림이 있는 뺄셈도 자릿값의 변화에 집중하도록 하는 것이 핵심이다.

5 일차 십의 자리에서 받아내림이 있는 세 자리 수 뺄셈 (1)

공부한 날짜 월 일

문제 1 | □ 안에 알맞은 수를 넣으시오.

보기

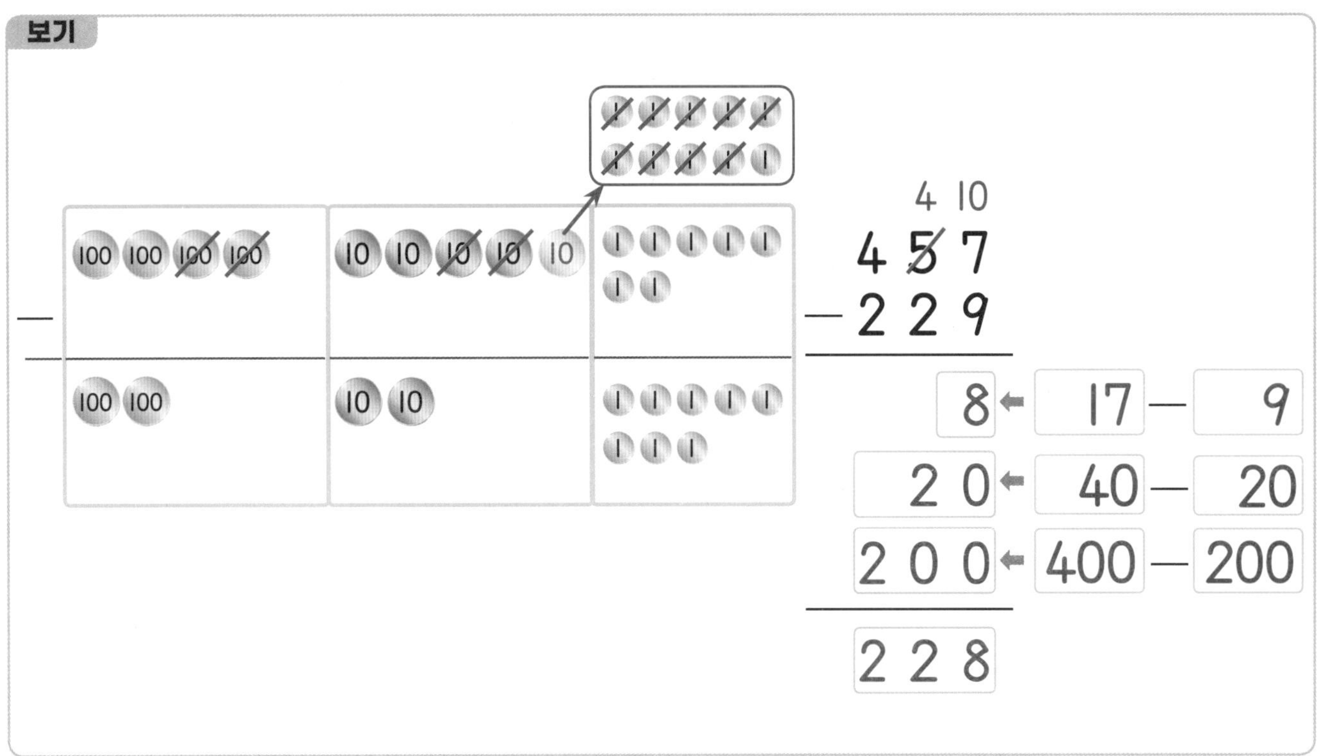

(1)

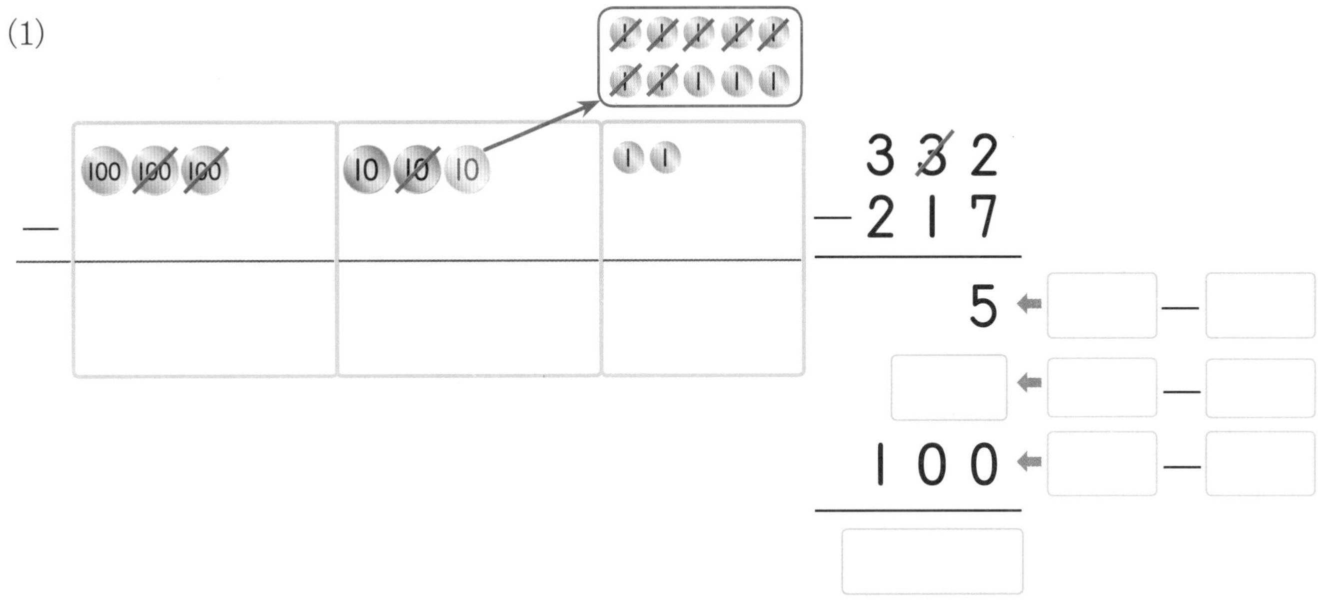

문제 1 백 원, 십 원, 일 원짜리 동전을 이용하여 십의 자리에서 받아내림이 있는 뺄셈을 연습한다. 십의 자리에서 일의 자리로 받아내림이 되는 과정은 십 원짜리 동전을 일 원짜리 동전 열 개로 바꾸는 것에서 확인할 수 있다. 세로식에서 빈칸을 채우는 과정에서 이를 상기하도록 한다.

(2)

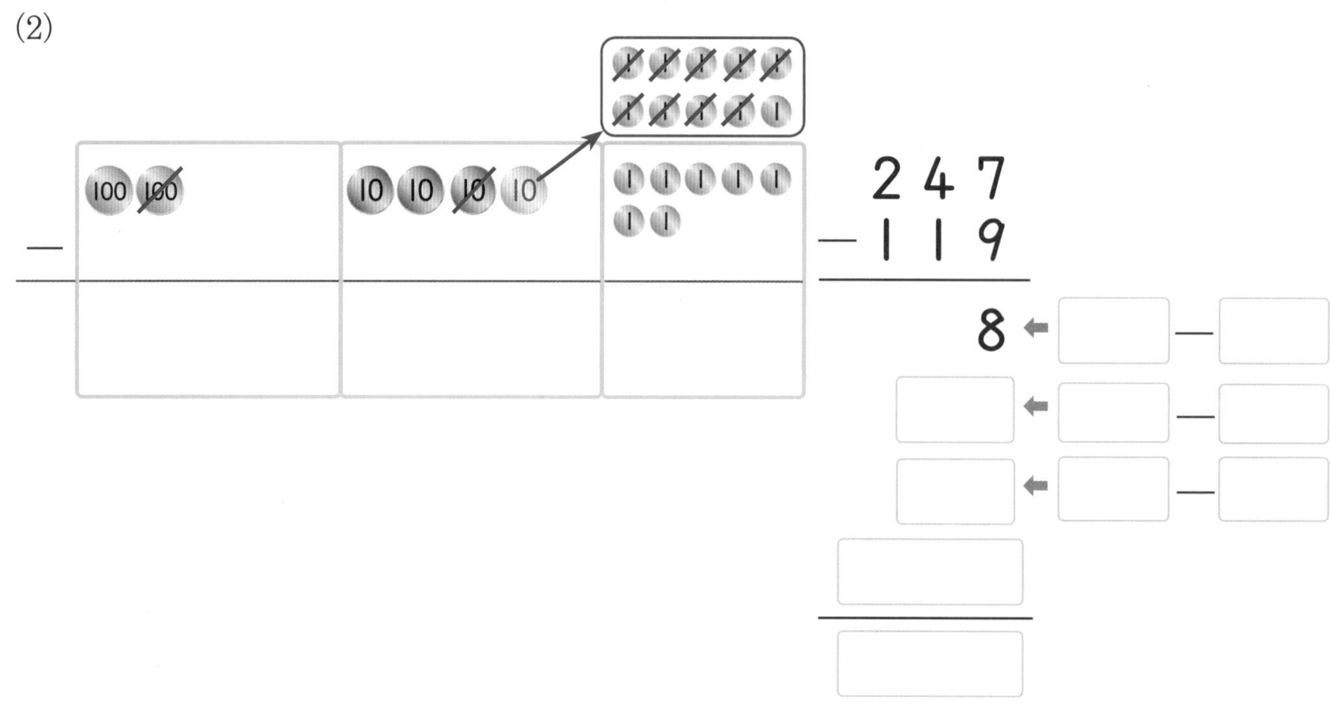
100 100
10 10 10 10
1 1 1 1 1 1 1
1 1 1 1 1 1 1 1 1 1
2 4 7
− 1 1 9
8

(3)

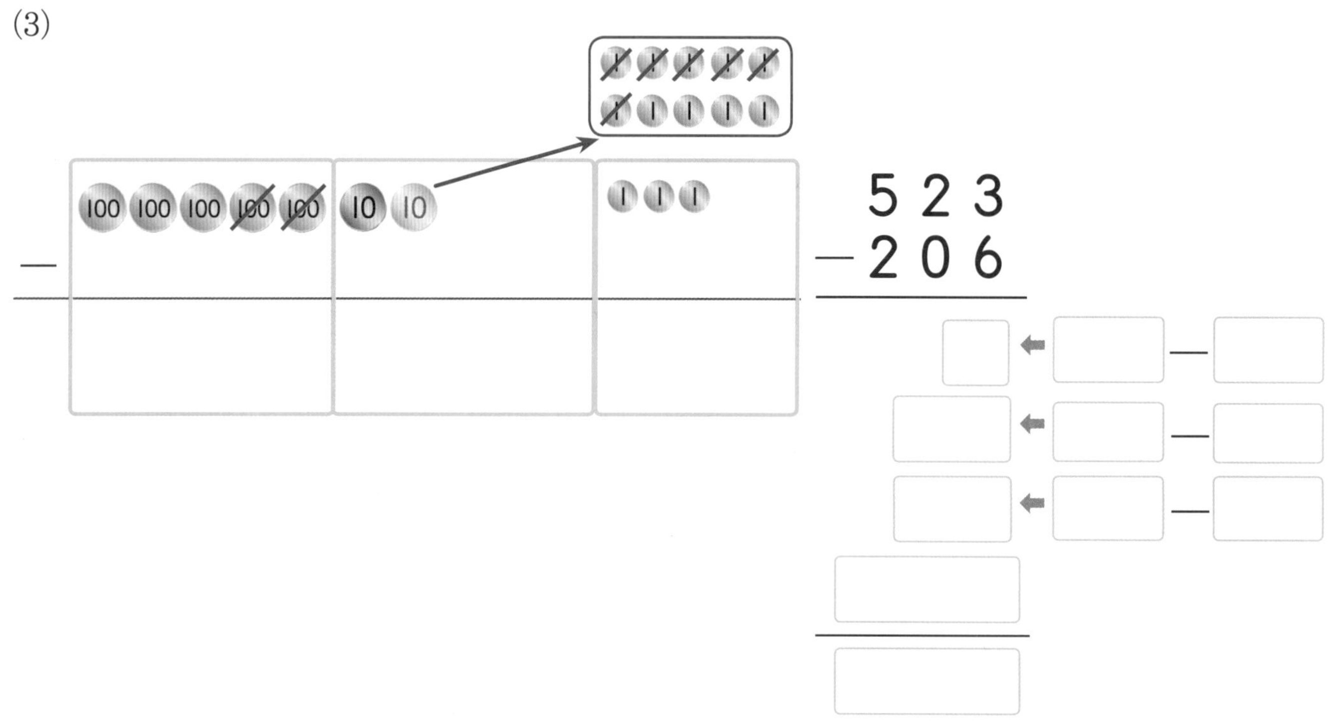
100 100 100 100 100
10 10
1 1 1
1 1 1 1 1 1 1 1 1 1
5 2 3
− 2 0 6

(4)

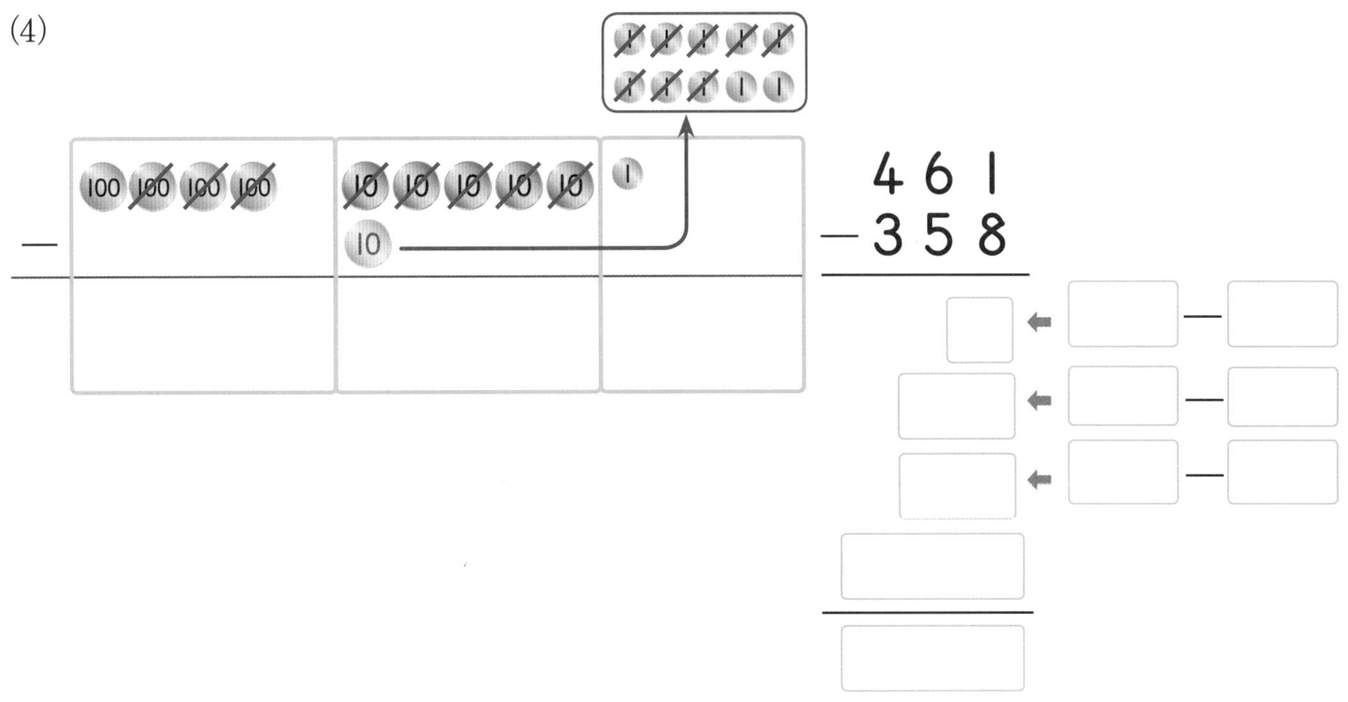
100 100 100 100
10 10 10 10 10
10
1
461
− 358

(5)

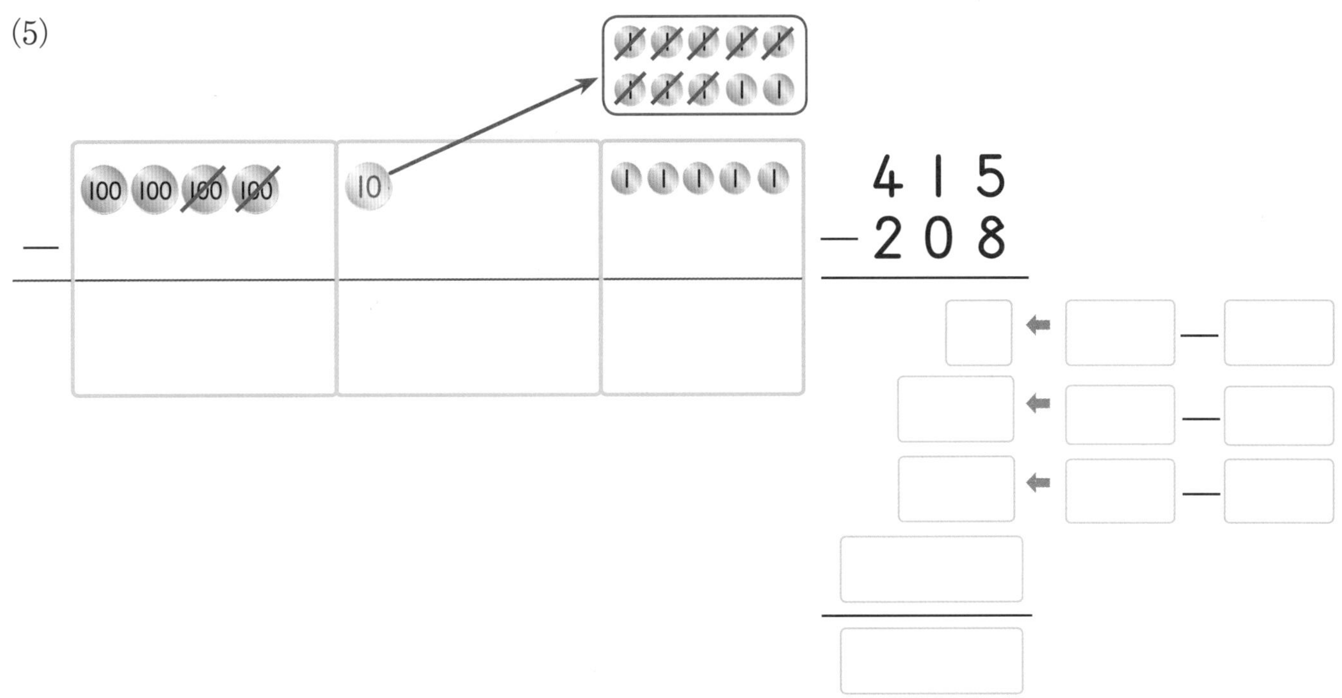
100 100 100 100
10
1 1 1 1 1
415
− 208

문제 2 | ☐ 안에 알맞은 수를 넣으시오.

(1) 642－315

$$\begin{array}{r} 3\ 10 \\ 6\ \not{4}\ 2 \\ -\ 3\ 1\ 5 \\ \hline \end{array}$$

☐ ← 12 － 5

☐ ← 30 － 10

☐ ← 600 － 300

☐

(2) 754－436

$$\begin{array}{r} 4\ 10 \\ 7\ \not{5}\ 4 \\ -\ 4\ 3\ 6 \\ \hline \end{array}$$

☐ ← 14 － 6

☐ ← 40 － 30

☐ ← 700 － 400

☐

(3) 265－127

$$\begin{array}{r} 5\ 10 \\ 2\ \not{6}\ 5 \\ -\ 1\ 2\ 7 \\ \hline \end{array}$$

☐ ← ☐ － ☐

☐ ← 50 － 20

☐ ← ☐ － ☐

☐

(4) 487－419

$$\begin{array}{r} 7\ 10 \\ 4\ \not{8}\ 7 \\ -\ 4\ 1\ 9 \\ \hline \end{array}$$

☐ ← ☐ － ☐

☐ ← 70 － 10

☐ ← ☐ － ☐

☐

문제 2 십의 자리에서 받아내림이 있는 세 자리 수의 뺄셈 과정을 각 자릿수의 뺄셈으로 분해하여 연습한다. 알고리즘 습득을 위한 준비 단계다.

(5) 593－368

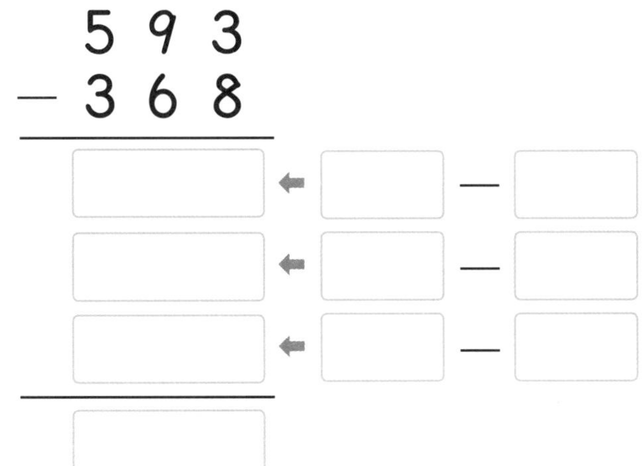

(6) 176－127

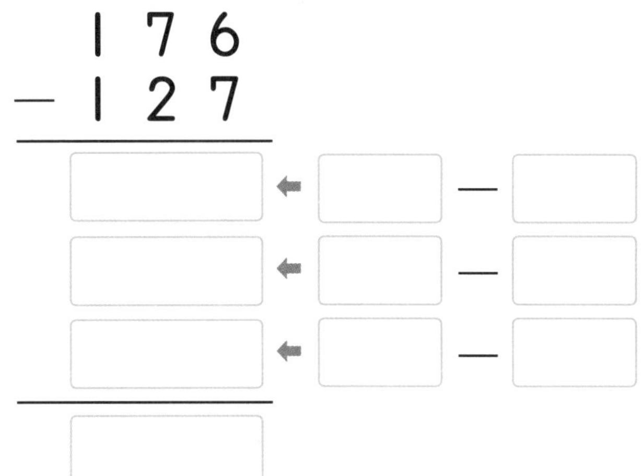

(7) 831－514

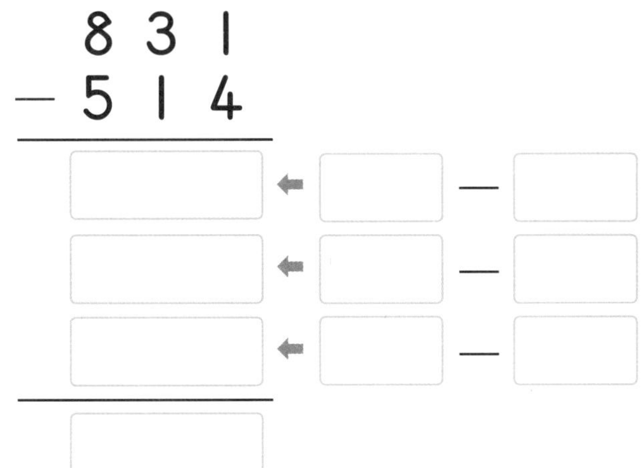

(8) 318－209

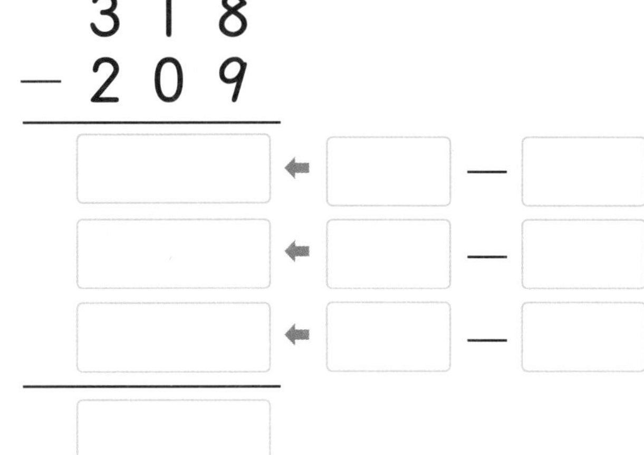

6 일차 십의 자리에서 받아내림이 있는 세 자리 수 뺄셈 (2)

공부한 날짜 월 일

문제 1 | 보기와 같이 □ 안에 알맞은 수를 넣으시오.

보기

```
    2 10
  6 3 4
- 4 1 8
---------
      6  ←  14 -   8
    1 0  ←  20 -  10
  2 0 0  ← 600 - 400
---------
  2 1 6
```

→

```
    2 10
  6 3 4
- 4 1 8
---------
  2 1 6
```

(1)

```
  5 4 2
- 2 1 6
---------
  □  ←  □ - □
  □  ←  □ - □
  □  ←  □ - □
---------
  □
```

→

```
  5 4 2
- 2 1 6
---------
  □
```

문제 1 십의 자리에서 받아내림이 있는 세 자리 수의 뺄셈에서 십의 자리와 일의 자리 위에 각각 변화하는 양을 어떻게 표기하는지를 익힌다. 알고리즘 완성의 마지막 단계다. 왼쪽에 있는 각 자리 수의 뺄셈을 먼저 하고 오른쪽 세로식의 빈칸을 채우도록 안내한다..

(2)

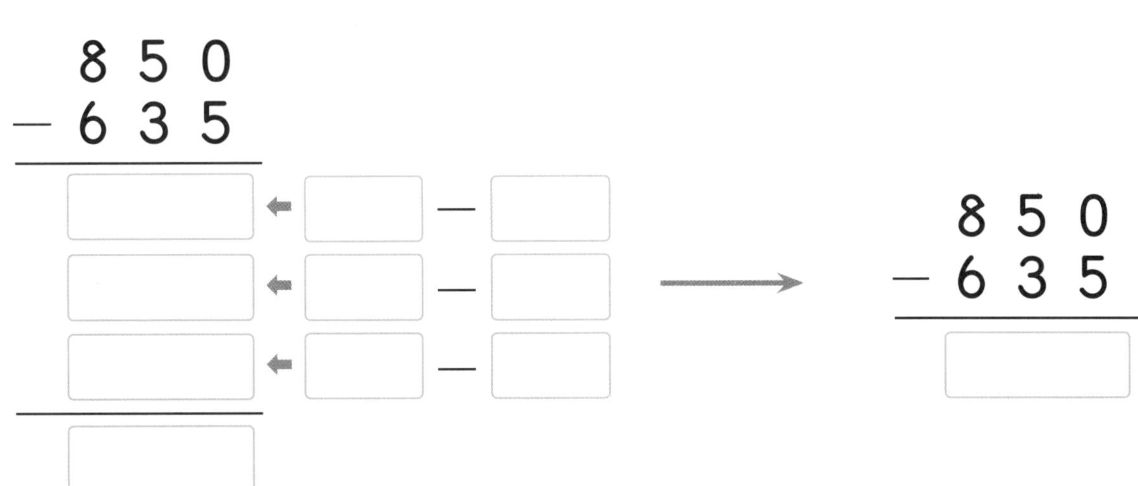

(3)

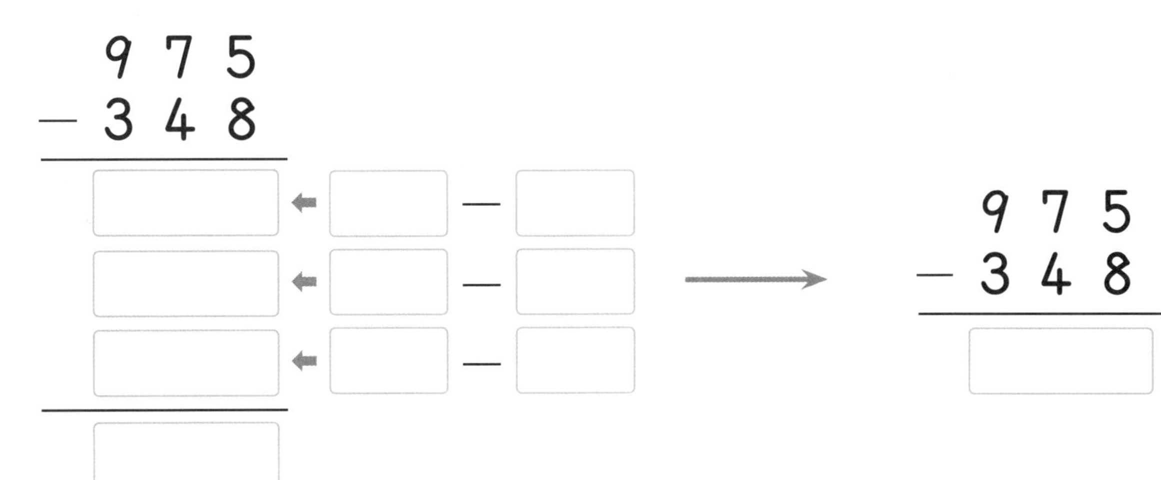

(4)

$$\begin{array}{r} 461 \\ -\ 206 \\ \hline \square \leftarrow \square - \square \\ \square \leftarrow \square - \square \\ \square \leftarrow \square - \square \\ \hline \square \end{array} \longrightarrow \begin{array}{r} 461 \\ -\ 206 \\ \hline \square \end{array}$$

문제 2 | 다음을 계산하시오.

(1)

$$\begin{array}{r} 891 \\ -\ 267 \\ \hline \end{array}$$

(2)

$$\begin{array}{r} 582 \\ -\ 479 \\ \hline \end{array}$$

(3)

$$\begin{array}{r} 263 \\ -\ 154 \\ \hline \end{array}$$

(4)

$$\begin{array}{r} 754 \\ -\ 628 \\ \hline \end{array}$$

(5)

$$\begin{array}{r} 985 \\ -\ 576 \\ \hline \end{array}$$

(6)

$$\begin{array}{r} 813 \\ -\ 804 \\ \hline \end{array}$$

(7)

$$\begin{array}{r} 652 \\ -\ 349 \\ \hline \end{array}$$

(8)

$$\begin{array}{r} 353 \\ -\ 249 \\ \hline \end{array}$$

(9)

$$\begin{array}{r} 470 \\ -\ 335 \\ \hline \end{array}$$

문제 2 십의 자리에서 받아내림이 있는 세 자리 수 뺄셈의 표준 알고리즘을 완성한다. 십의 자리와 일의 자리 위에 알맞은 수를 넣는 것에 초점을 둔다.

십의 자리에서 받아내림이 있는 세 자리 수 뺄셈 (3)

공부한 날짜 월 일

문제 1 | 다음을 계산하시오.

(1)

$$\begin{array}{r} 247 \\ -\ 119 \\ \hline \end{array}$$

□ ← □ − □

□ ← □ − □

□ ← □ − □

□

$$\begin{array}{r} 247 \\ -\ 119 \\ \hline \end{array}$$

□

(2)

$$\begin{array}{r} 523 \\ -\ 206 \\ \hline \end{array}$$

□ ← □ − □

□ ← □ − □

□ ← □ − □

□

$$\begin{array}{r} 523 \\ -\ 206 \\ \hline \end{array}$$

□

선생님만 보세요

문제 1 십의 자리에서 받아내림이 있는 세 자리 수의 뺄셈 연습이다. 앞 차시 문제의 복습이다.

(3)

$$\begin{array}{r} 461 \\ -\ 358 \\ \hline \end{array}$$

(4)

$$\begin{array}{r} 872 \\ -\ 634 \\ \hline \end{array}$$

(5)

$$\begin{array}{r} 350 \\ -\ 129 \\ \hline \end{array}$$

(6)

$$\begin{array}{r} 765 \\ -\ 526 \\ \hline \end{array}$$

문제 2 | 다음을 계산하시오.

(1) $936-427=$

(2) $485-159=$

(3) $691-273=$

(4) $257-109=$

(5) $863-535=$

(6) $542-316=$

(7) $374-158=$

(8) $728-619=$

문제 2 가로식으로 주어진 십의 자리에서 받아내림이 있는 세 자리 수의 뺄셈 문제다. 가로식으로 계산할 수도 있지만, 받아내림의 처리가 복잡하므로 세로식으로 계산하는 것이 편리하다는 것을 깨닫고 세로식 뺄셈의 장점을 인식하도록 하는 문제다.

8일차 백의 자리에서 받아내림이 있는 세 자리 수 뺄셈 (1)

공부한 날짜 월 일

문제 1 | 다음을 계산하시오.

(1)
$$\begin{array}{r} 451 \\ -\ 338 \\ \hline \end{array}$$

(2)
$$\begin{array}{r} 715 \\ -\ 506 \\ \hline \end{array}$$

(3)
$$\begin{array}{r} 386 \\ -\ 258 \\ \hline \end{array}$$

(4)
$$\begin{array}{r} 673 \\ -\ 444 \\ \hline \end{array}$$

(5)
$$\begin{array}{r} 264 \\ -\ 146 \\ \hline \end{array}$$

(6)
$$\begin{array}{r} 827 \\ -\ 319 \\ \hline \end{array}$$

(7)
$$\begin{array}{r} 940 \\ -\ 637 \\ \hline \end{array}$$

(8)
$$\begin{array}{r} 138 \\ -\ 119 \\ \hline \end{array}$$

(9)
$$\begin{array}{r} 592 \\ -\ 225 \\ \hline \end{array}$$

문제 1 지금까지 익혔던 십의 자리에서 받아내림이 있는 세 자리 수의 뺄셈을 복습한다. 이어지는 백의 자리에서 받아내림의 원리도 다르지 않으므로 오답이 나타났을 때, 그 원인을 파악하고 해결해야만 한다. 단순한 복습이 아니라는 것이다.

(10) 531－204＝

(11) 743－416＝

(12) 694－327＝

(13) 360－127＝

(14) 457－129＝

(15) 863－528＝

문제 2 | □ 안에 알맞은 수를 넣으시오.

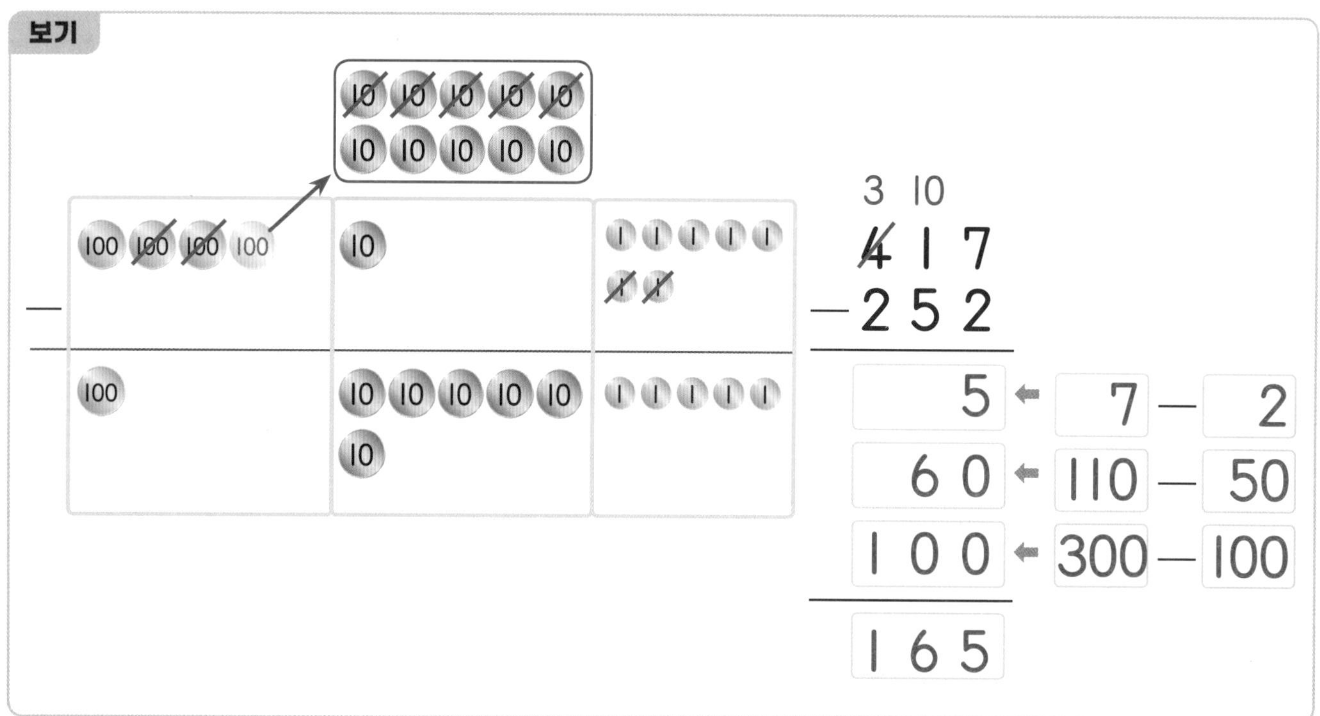

문제 2 백의 자리에서 받아내림을 위하여 백 원짜리 동전 한 개를 십 원짜리 동전 열 개로 바꾸는 것을 먼저 생각하도록 한다. 이를 오른쪽의 세로식에서 십의 자리와 백의 자리에 어떻게 나타내는가에 초점을 둔다.

(1)

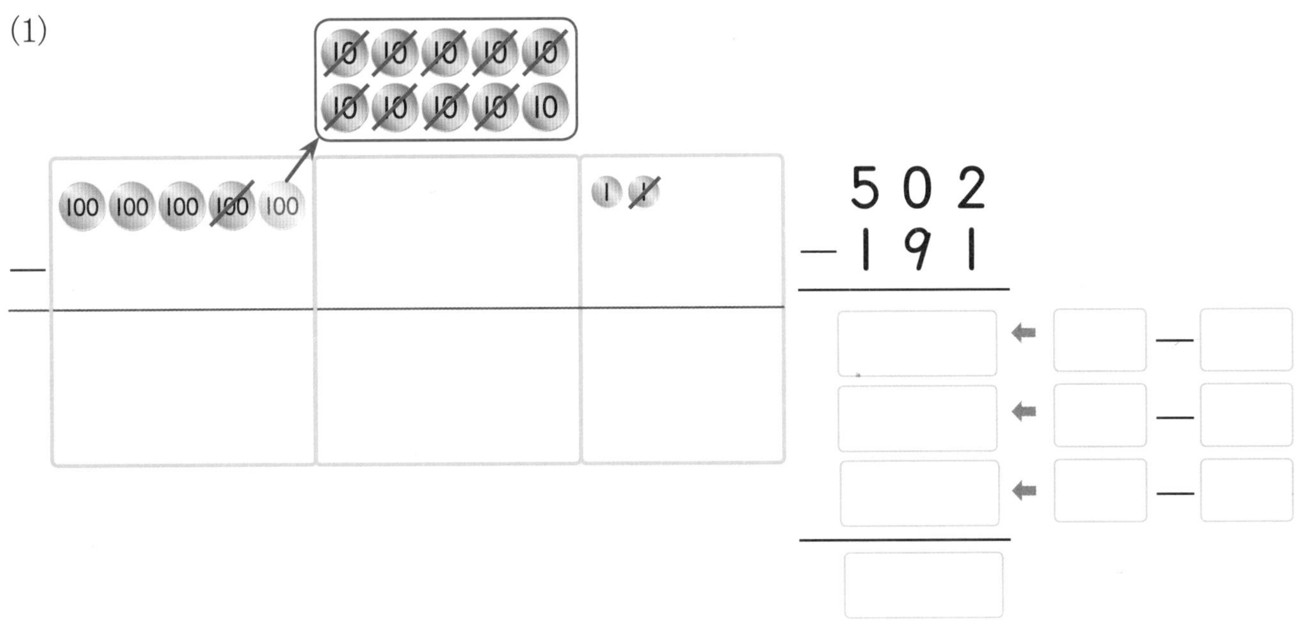

10 10 10 10 10
10 10 10 10 10
100 100 100 100 100
1 1
5 0 2
− 1 9 1

(2)

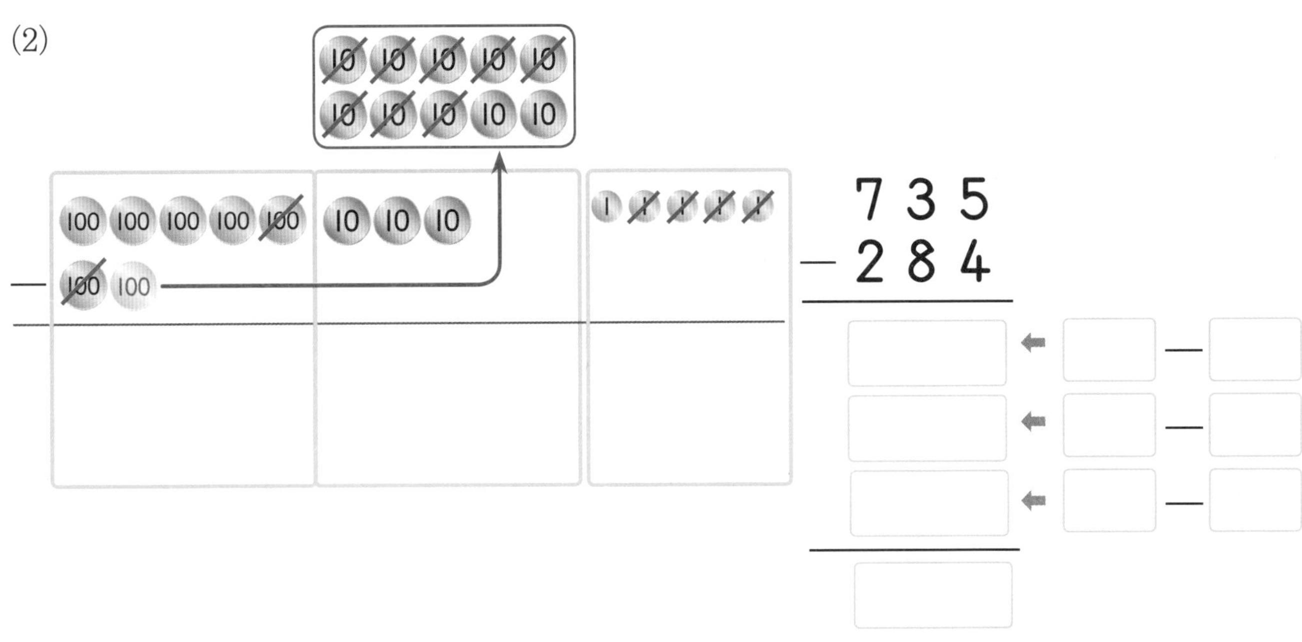

10 10 10 10 10
10 10 10 10 10
100 100 100 100 100
100 100
10 10 10
1 1 1 1 1
7 3 5
− 2 8 4

(3)

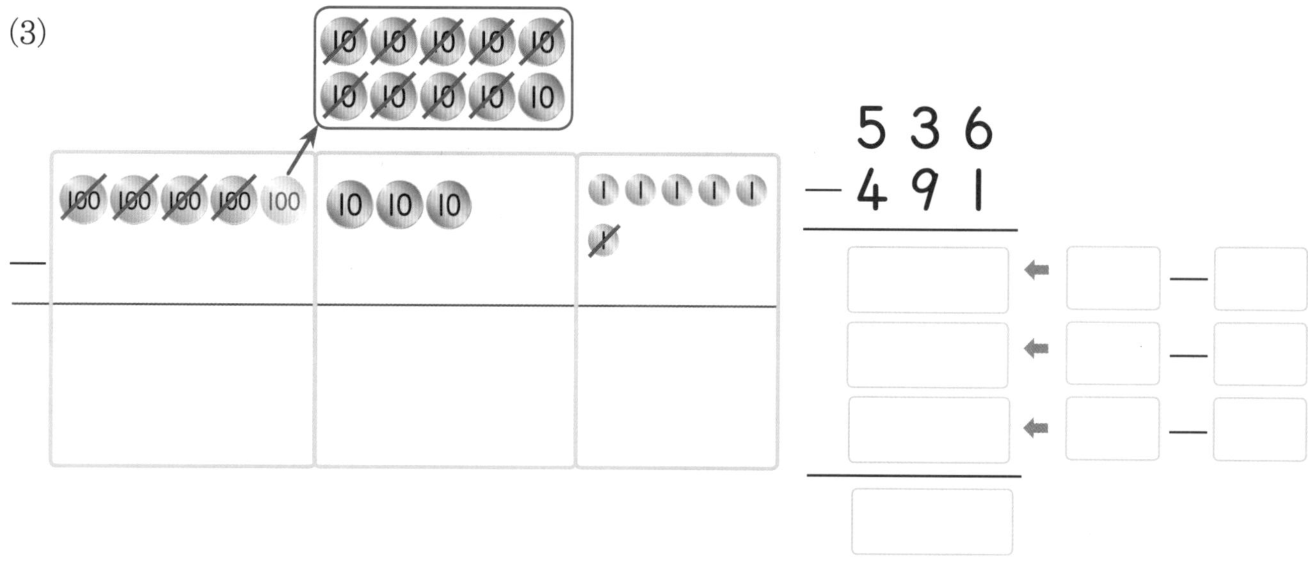

(4)

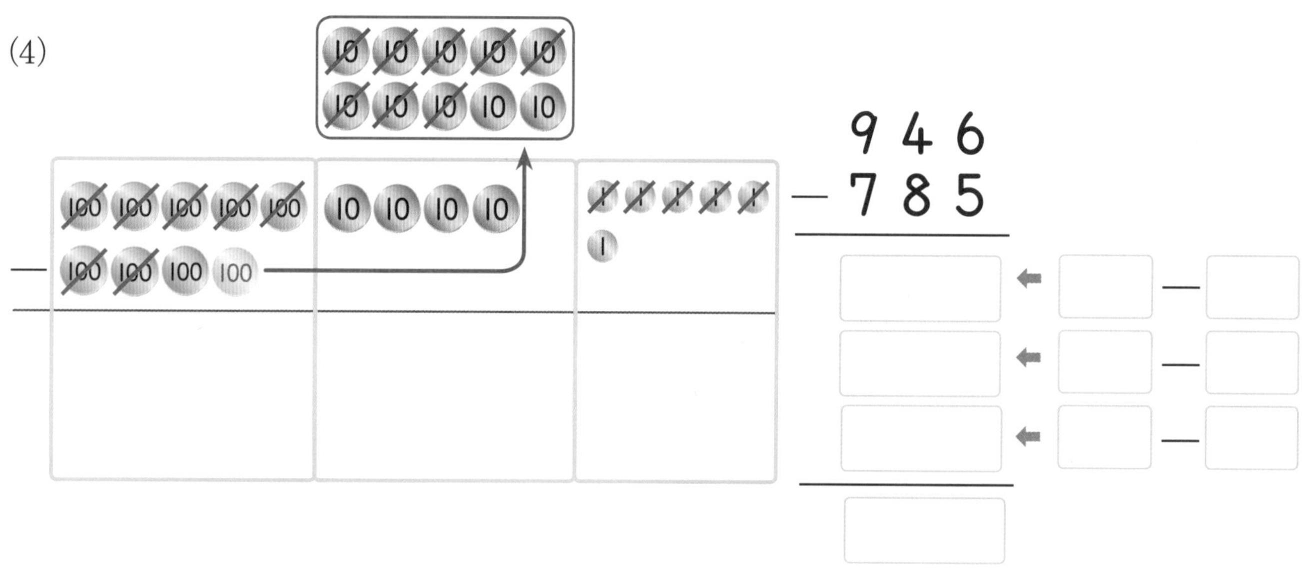

9 일차 백의 자리에서 받아내림이 있는 세 자리 수 뺄셈 (2)

✎ 공부한 날짜 월 일

문제 1 | 보기와 같이 □ 안에 알맞은 수를 넣으시오.

보기

$$\begin{array}{r} \scriptstyle 3\ \ 10\ \ \ \ \\ \not{4}\ 5\ 7 \\ -\ 3\ 8\ 2 \\ \hline \end{array}$$

5	←	7	−	2
70	←	150	−	80
0	←	300	−	300
75				

→

$$\begin{array}{r} \scriptstyle 3\ \ 10\ \ \ \ \\ \not{4}\ 5\ 7 \\ -\ 3\ 8\ 2 \\ \hline 7\ 5 \end{array}$$

(1)

$$\begin{array}{r} 5\ 2\ 7 \\ -\ 2\ 5\ 6 \\ \hline \end{array}$$

□	←	□	−	□
□	←	□	−	□
□	←	□	−	□
□				

→

$$\begin{array}{r} 5\ 2\ 7 \\ -\ 2\ 5\ 6 \\ \hline \square \end{array}$$

문제 1 백의 자리에서 받아내림이 있는 세 자리 수의 뺄셈 전체를 세로식에서 확인하며 표준 알고리즘을 익히는 문제다. 반드시 왼쪽 세로식을 완성하고 나서 오른쪽 식의 빈칸을 채워 넣도록 안내한다.

(2)

$$\begin{array}{r} 346 \\ -\ 172 \\ \hline \end{array}$$

$$\begin{array}{r} 346 \\ -\ 172 \\ \hline \end{array}$$

(3)

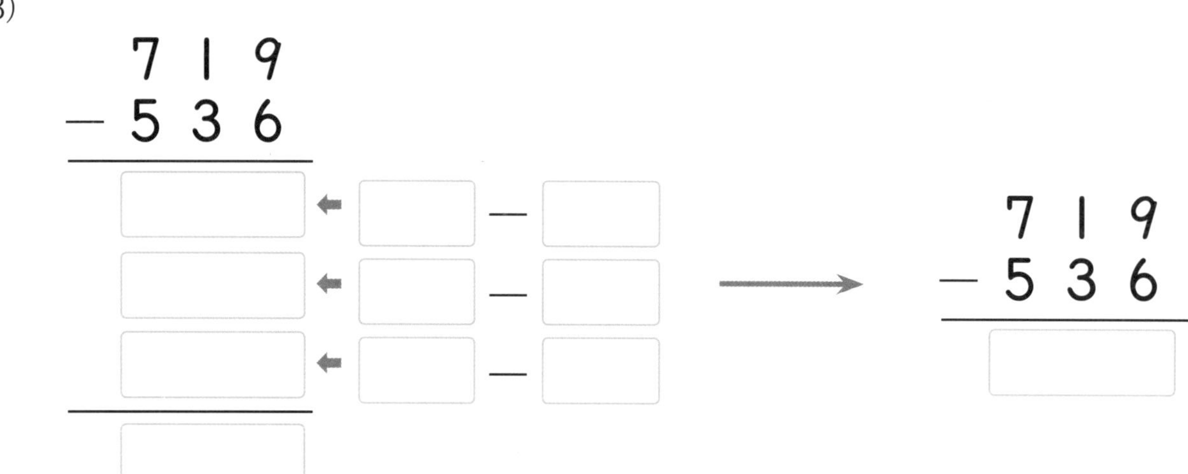

(4)

$$\begin{array}{r} 635 \\ -\ 164 \\ \hline \end{array}$$

$$\begin{array}{r} 635 \\ -\ 164 \\ \hline \end{array}$$

문제 2 | 다음을 계산하시오.

(1)
$$\begin{array}{r} 487 \\ -\ 392 \\ \hline \end{array}$$

(2)
$$\begin{array}{r} 608 \\ -\ 254 \\ \hline \end{array}$$

(3)
$$\begin{array}{r} 753 \\ -\ 461 \\ \hline \end{array}$$

(4)
$$\begin{array}{r} 943 \\ -\ 553 \\ \hline \end{array}$$

(5)
$$\begin{array}{r} 609 \\ -\ 112 \\ \hline \end{array}$$

(6)
$$\begin{array}{r} 863 \\ -\ 791 \\ \hline \end{array}$$

(7)
$$\begin{array}{r} 246 \\ -\ 176 \\ \hline \end{array}$$

(8)
$$\begin{array}{r} 523 \\ -\ 461 \\ \hline \end{array}$$

(9)
$$\begin{array}{r} 314 \\ -\ 281 \\ \hline \end{array}$$

문제 2 백의 자리서 받아내림이 있는 세 자리 수의 뺄셈에 대한 표준 알고리즘을 완성하는 문제다. 백의 자리와 십의 자리 숫자 위에 알맞은 수를 넣어 절차를 정확하게 따르는지 주의 깊게 지켜보아야 한다.

10 일차 백의 자리에서 받아내림이 있는 세 자리 수 뺄셈 (3)

공부한 날짜　　월　　일

문제 1 | 다음을 계산하시오.

(1)

$$\begin{array}{r} 3\ 6\ 2 \\ -\ 1\ 9\ 0 \\ \hline \end{array}$$

□ ← □ − □
□ ← □ − □
□ ← □ − □
□

→

$$\begin{array}{r} 3\ 6\ 2 \\ -\ 1\ 9\ 0 \\ \hline \end{array}$$

□

(2)

$$\begin{array}{r} 7\ 0\ 4 \\ -\ 4\ 3\ 2 \\ \hline \end{array}$$

□ ← □ − □
□ ← □ − □
□ ← □ − □
□

→

$$\begin{array}{r} 7\ 0\ 4 \\ -\ 4\ 3\ 2 \\ \hline \end{array}$$

□

선생님만 보세요

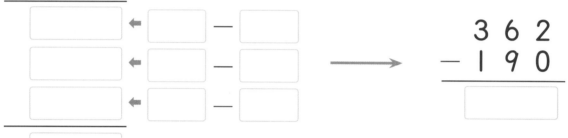

문제 1 앞 차시에서 익혔던 백의 자리에서 받아내림이 있는 뺄셈의 복습이다.

(3)

$$\begin{array}{r} 956 \\ -\ 681 \\ \hline \end{array}$$

(4)

$$\begin{array}{r} 839 \\ -\ 576 \\ \hline \end{array}$$

(5)

$$\begin{array}{r} 634 \\ -\ 274 \\ \hline \end{array}$$

(6)

$$\begin{array}{r} 405 \\ -\ 134 \\ \hline \end{array}$$

문제 2 | 다음을 계산하시오.

(1) $627-531=$

(2) $349-258=$

(3) $876-596=$

(4) $545-455=$

(5) $923-750=$

(6) $107-56=$

(7) $282-91=$

(8) $738-342=$

문제 2 가로식으로 주어진 뺄셈이지만, 세로식으로 바꿔 계산하도록 유도한다.

11 일차 백과 십의 자리에서 받아내림이 있는 세 자리 수 뺄셈 (1)

공부한 날짜 월 일

문제 1 | 다음을 계산하시오.

(1)
$$\begin{array}{r} 714 \\ -\ 320 \\ \hline \end{array}$$

(2)
$$\begin{array}{r} 367 \\ -\ 194 \\ \hline \end{array}$$

(3)
$$\begin{array}{r} 143 \\ -\ 82 \\ \hline \end{array}$$

(4)
$$\begin{array}{r} 278 \\ -\ 186 \\ \hline \end{array}$$

(5)
$$\begin{array}{r} 627 \\ -\ 373 \\ \hline \end{array}$$

(6)
$$\begin{array}{r} 835 \\ -\ 654 \\ \hline \end{array}$$

(7)
$$\begin{array}{r} 935 \\ -\ 660 \\ \hline \end{array}$$

(8)
$$\begin{array}{r} 501 \\ -\ 211 \\ \hline \end{array}$$

(9)
$$\begin{array}{r} 456 \\ -\ 261 \\ \hline \end{array}$$

문제 1 앞 차시에서 익혔던 백의 자리에서 받아내림이 있는 세 자리 수의 뺄셈을 복습한다.

(10) $512-331=$

(11) $163-91=$

(12) $749-570=$

(13) $824-483=$

(14) $358-278=$

(15) $975-792=$

문제 2 | □ 안에 알맞은 수를 넣으시오.

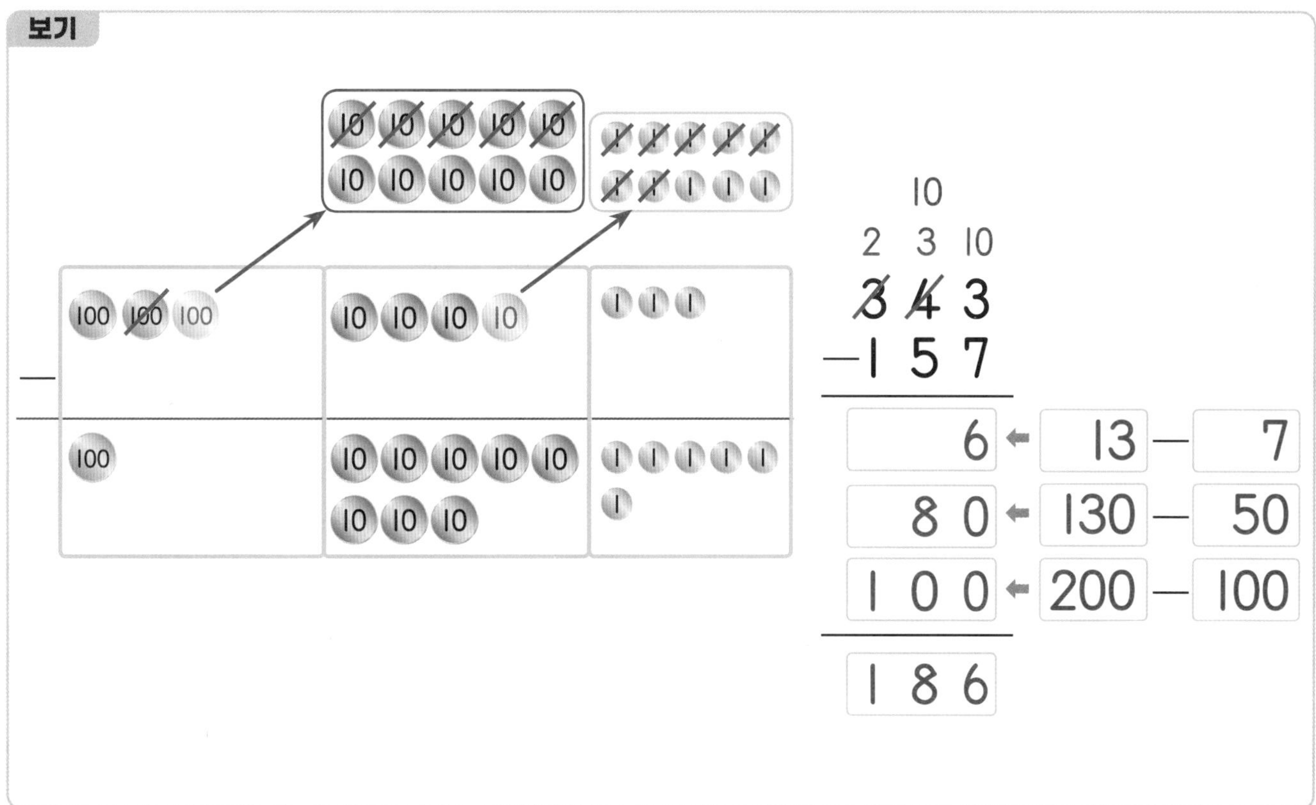

문제 2 십의 자리에서 이어서 백의 자리에서 받아내림이 있는 뺄셈 과정을 수 모형에서 확인한 후에 이를 세로식에서 구현한다. 두 번의 받아내림으로 십의 자리 수가 두 번 바뀌는 것에 유의해야 한다. 특히 (2)와 (6)과 같이 십의 자리가 0인 문제에서 받아내림에 주의하자.

(1)

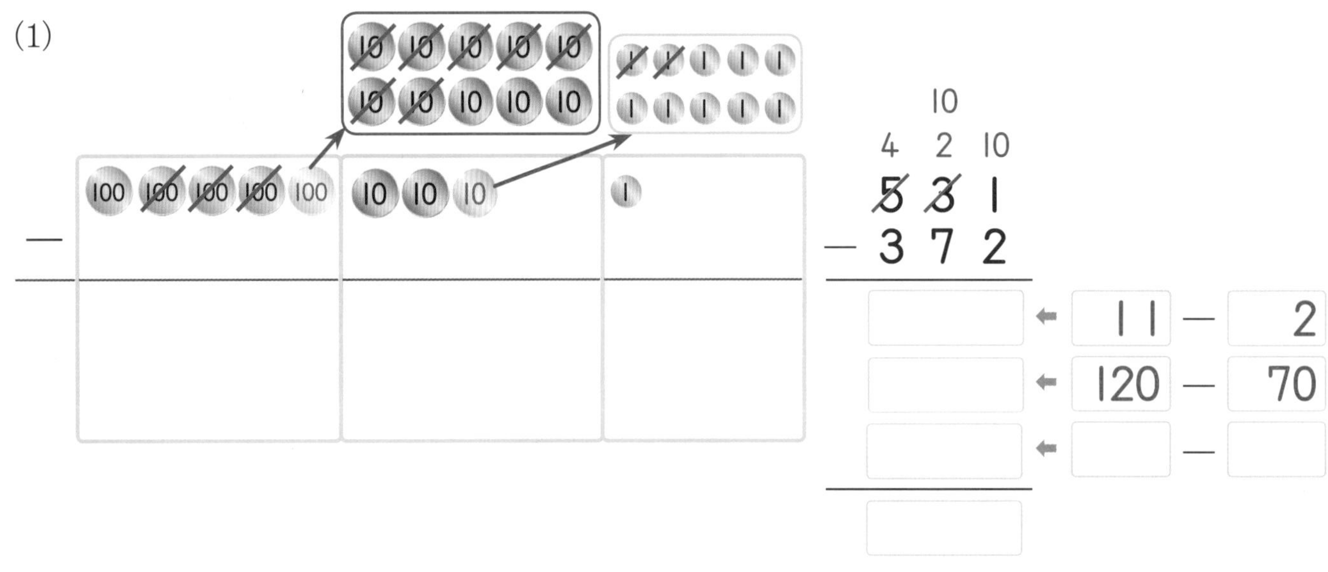

(2)

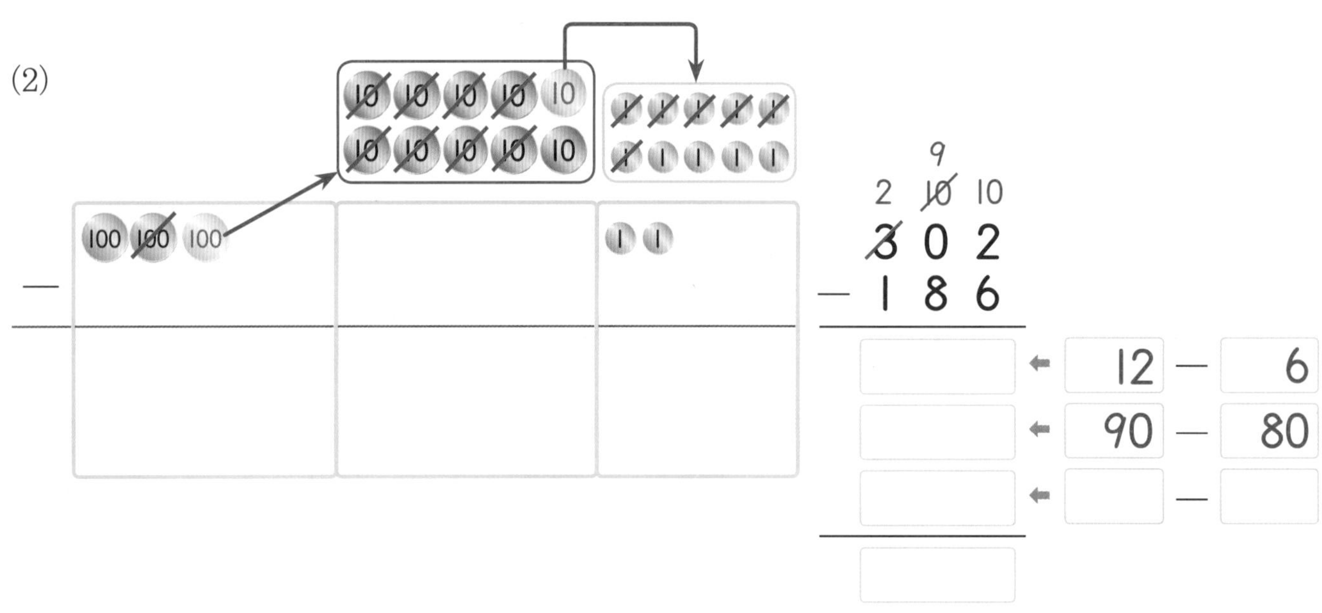

(3)

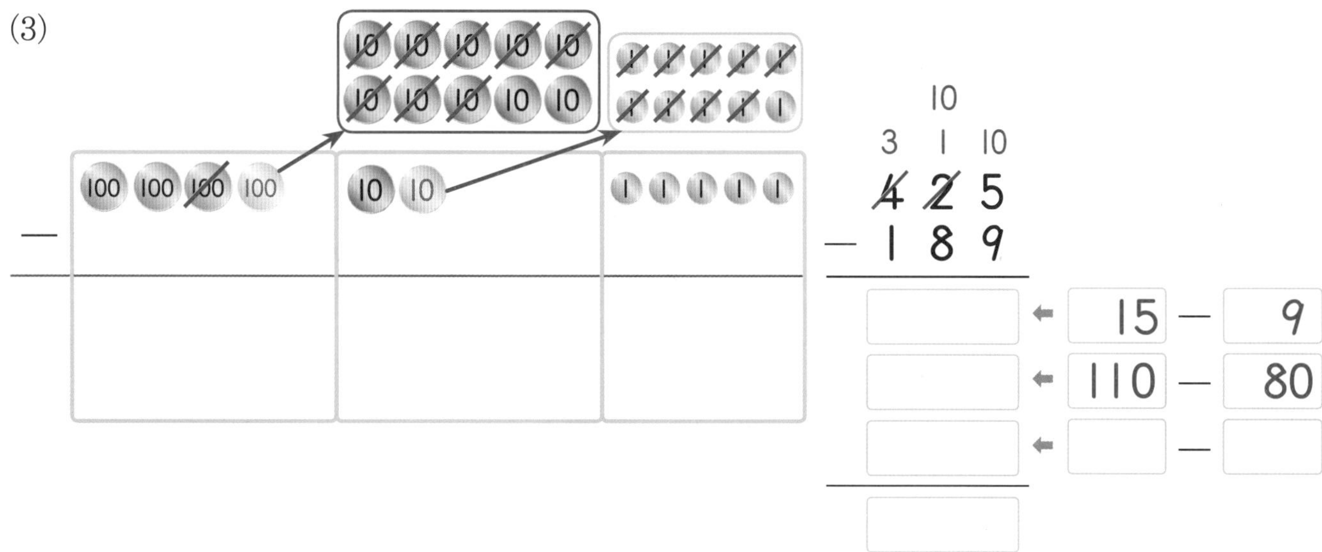

(4)

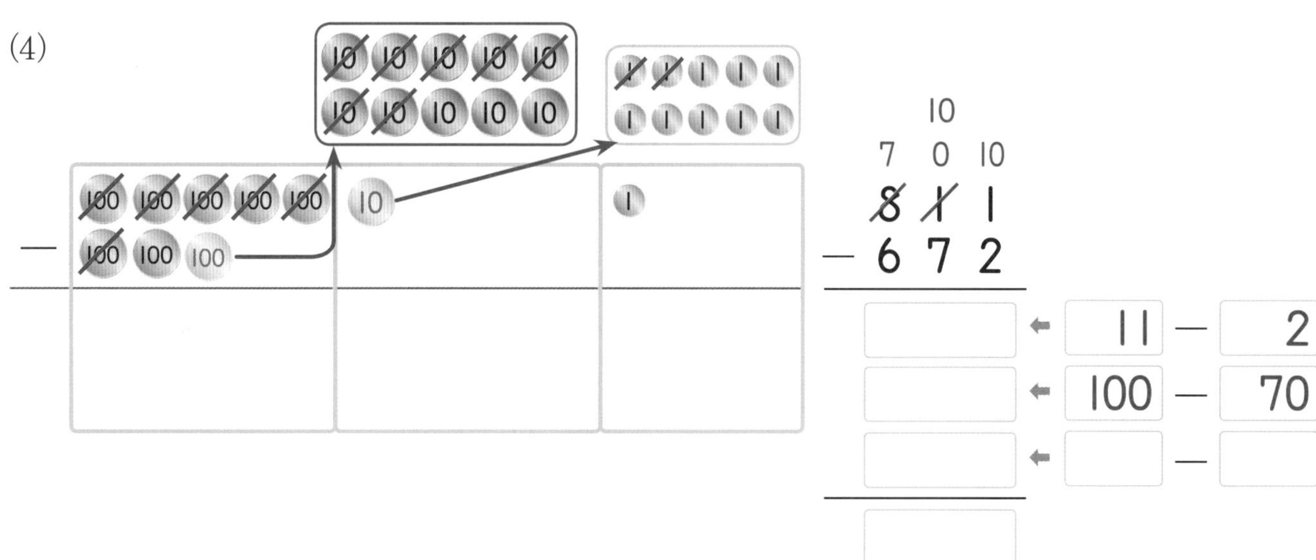

(5)

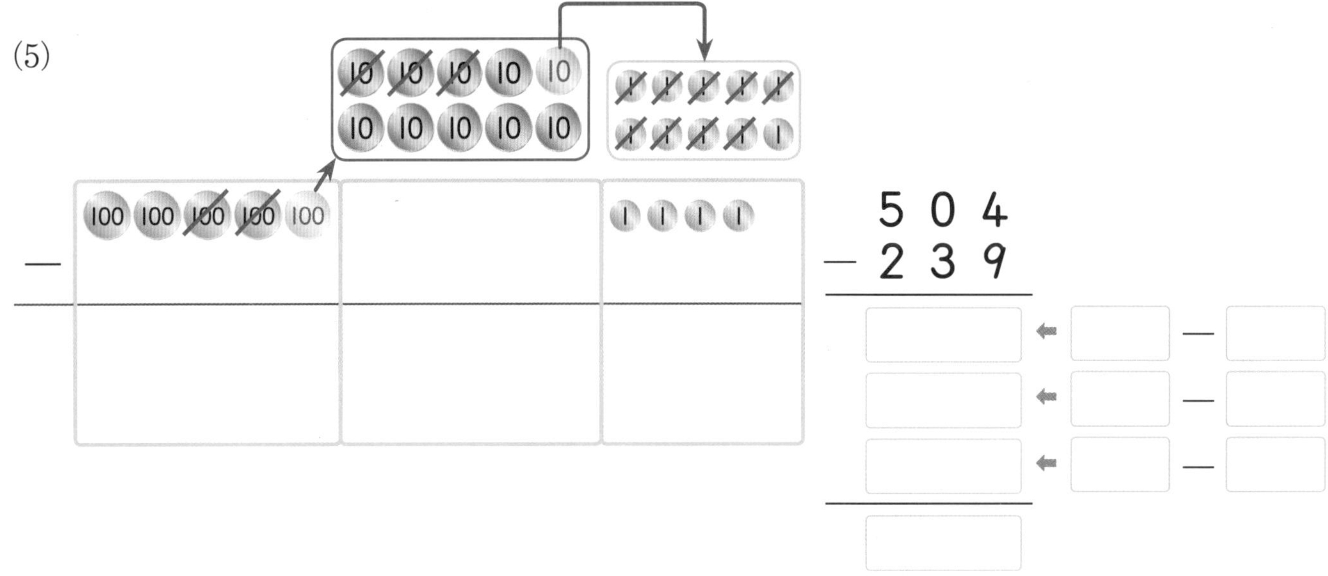

(6)

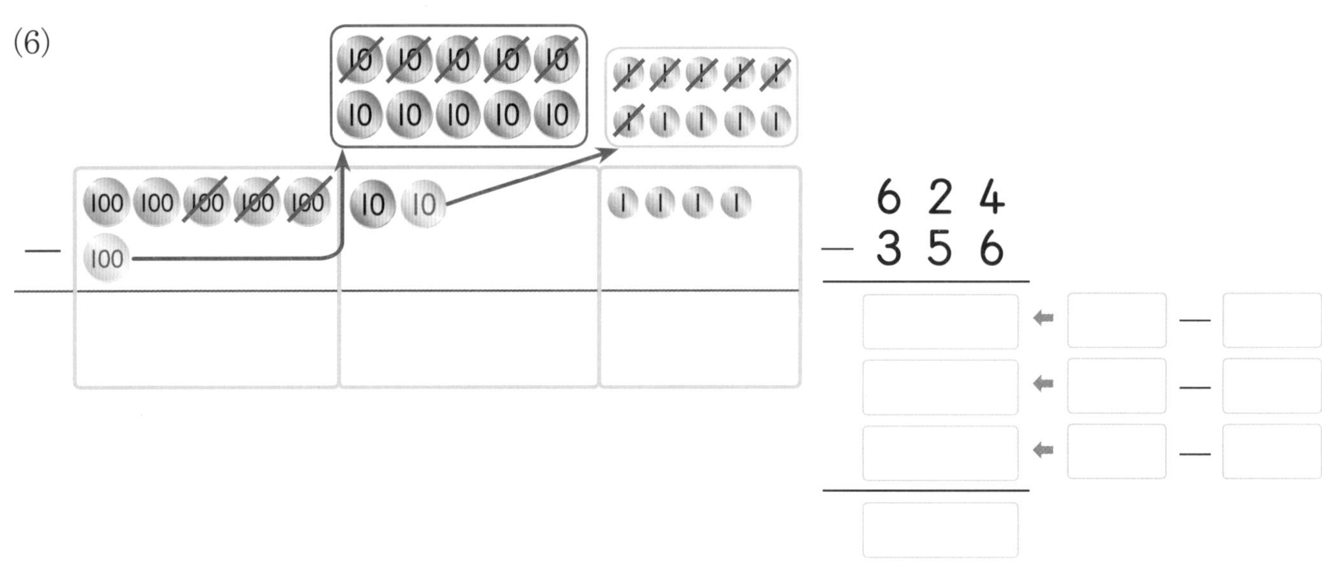

12 일차 백과 십의 자리에서 받아내림이 있는 세 자리 수 뺄셈 (2)

공부한 날짜 월 일

문제 1 | 보기와 같이 계산하시오.

보기

$$\begin{array}{r} \overset{5}{\cancel{6}}\ \overset{14}{\cancel{5}}\ \overset{10}{1} \\ -\ 2\ 7\ 9 \\ \hline 3\ 7\ 2 \end{array}$$

(1)

$$\begin{array}{r} 7\ 2\ 5 \\ -\ 6\ 3\ 8 \\ \hline \square \end{array}$$

(2)

$$\begin{array}{r} 4\ 5\ 4 \\ -\ 1\ 6\ 7 \\ \hline \square \end{array}$$

(3)

$$\begin{array}{r} 5\ 4\ 0 \\ -\ 2\ 5\ 3 \\ \hline \square \end{array}$$

(4)

$$\begin{array}{r} 6\ 0\ 2 \\ -\ 3\ 1\ 7 \\ \hline \square \end{array}$$

(5)

$$\begin{array}{r} 3\ 6\ 2 \\ -\ 1\ 6\ 5 \\ \hline \square \end{array}$$

(6)

$$\begin{array}{r} 6\ 3\ 7 \\ -\ 1\ 5\ 9 \\ \hline \square \end{array}$$

(7)

$$\begin{array}{r} 9\ 0\ 0 \\ -\ 3\ 7\ 4 \\ \hline \square \end{array}$$

문제 1 앞 차시에서 익혔던 백과 십의 자리에서 받아내림이 있는 세 자리 수의 뺄셈 절차를 복습하며 표준 알고리즘을 완성한다. 보기에서 십의 자리 받아내림한 결과 5는 4로 바뀌고 다시 백의 자리에서 받아내림하여 14가 되는 과정을 이해했는지 확인해야 한다.

문제 2 | 다음 뺄셈을 하시오.

(1)
$$\begin{array}{r} 718 \\ -\ 329 \\ \hline \end{array}$$

(2)
$$\begin{array}{r} 350 \\ -\ 174 \\ \hline \end{array}$$

(3)
$$\begin{array}{r} 562 \\ -\ 494 \\ \hline \end{array}$$

(4)
$$\begin{array}{r} 574 \\ -\ 376 \\ \hline \end{array}$$

(5)
$$\begin{array}{r} 803 \\ -\ 594 \\ \hline \end{array}$$

(6)
$$\begin{array}{r} 400 \\ -\ 276 \\ \hline \end{array}$$

(7) $462-179=$

(8) $503-175=$

(9) $217-189=$

(10) $901-345=$

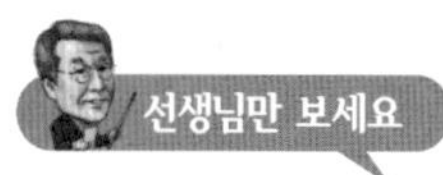

문제 2 앞의 문제에서 완성한 세 자리 수의 표준 알고리즘을 연습한다.

13 일차 백과 십의 자리에서 받아내림이 있는 세 자리 수 뺄셈 (3)

공부한 날짜 월 일

문제 1 | 보기와 같이 계산하시오.

보기

$$\begin{array}{r} {\scriptstyle 5\ 13\ 10} \\ \not{6}\,\not{4}\,3 \\ -\ 2\ 7\ 9 \\ \hline 3\ 6\ 4 \end{array}$$

(1)

$$\begin{array}{r} 3\ 1\ 4 \\ -\ 1\ 8\ 6 \\ \hline \end{array}$$

(2)

$$\begin{array}{r} 8\ 5\ 0 \\ -\ 6\ 4\ 2 \\ \hline \end{array}$$

(3)

$$\begin{array}{r} 7\ 2\ 1 \\ -\ 4\ 9\ 5 \\ \hline \end{array}$$

(4)

$$\begin{array}{r} 4\ 2\ 6 \\ -\ 1\ 8\ 9 \\ \hline \end{array}$$

(5)

$$\begin{array}{r} 9\ 3\ 4 \\ -\ 6\ 5\ 5 \\ \hline \end{array}$$

(6)

$$\begin{array}{r} 6\ 1\ 8 \\ -\ 3\ 3\ 9 \\ \hline \end{array}$$

(7)

$$\begin{array}{r} 5\ 7\ 2 \\ -\ 2\ 9\ 4 \\ \hline \end{array}$$

(8)

$$\begin{array}{r} 7\ 0\ 0 \\ -\ 1\ 5\ 9 \\ \hline \end{array}$$

문제 1 앞 차시에서 익혔던 백의 자리와 십의 자리에서 받아내림이 있는 세 자리 수의 뺄셈에 대한 표준 알고리즘을 복습한다. 백의 자리와 십의 자리 숫자 위에 알맞은 수를 넣는 것에 초점을 둔다.

문제 2 | 다음 뺄셈을 하시오.

(1)
$$\begin{array}{r} 436 \\ -\ 159 \\ \hline \end{array}$$

(2)
$$\begin{array}{r} 624 \\ -\ 356 \\ \hline \end{array}$$

(3)
$$\begin{array}{r} 551 \\ -\ 374 \\ \hline \end{array}$$

(4)
$$\begin{array}{r} 321 \\ -\ 165 \\ \hline \end{array}$$

(5)
$$\begin{array}{r} 862 \\ -\ 484 \\ \hline \end{array}$$

(6)
$$\begin{array}{r} 926 \\ -\ 678 \\ \hline \end{array}$$

(7)
$$\begin{array}{r} 248 \\ -\ 149 \\ \hline \end{array}$$

(8)
$$\begin{array}{r} 716 \\ -\ 437 \\ \hline \end{array}$$

(9)
$$\begin{array}{r} 365 \\ -\ 186 \\ \hline \end{array}$$

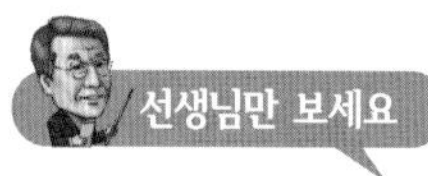

문제 2 앞의 문제와 같다. 십의 자리에 이어서 백의 자리에서의 받아내림을 재확인하는 문제다.

(10)
$$\begin{array}{r} 454 \\ -\ 386 \\ \hline \end{array}$$

(11)
$$\begin{array}{r} 335 \\ -\ 156 \\ \hline \end{array}$$

(12)
$$\begin{array}{r} 817 \\ -\ 548 \\ \hline \end{array}$$

(13)
$$\begin{array}{r} 732 \\ -\ 557 \\ \hline \end{array}$$

(14)
$$\begin{array}{r} 501 \\ -\ 194 \\ \hline \end{array}$$

(15)
$$\begin{array}{r} 235 \\ -\ 178 \\ \hline \end{array}$$

(16)
$$\begin{array}{r} 800 \\ -\ 535 \\ \hline \end{array}$$

(17)
$$\begin{array}{r} 904 \\ -\ 457 \\ \hline \end{array}$$

(18)
$$\begin{array}{r} 700 \\ -\ 122 \\ \hline \end{array}$$

14 일차 백과 십의 자리에서 받아내림이 있는 세 자리 수 뺄셈 (4)

공부한 날짜 월 일

문제 1 | 다음을 계산하시오.

(1)
$$\begin{array}{r} 357 \\ -\ 128 \\ \hline \end{array}$$

(2)
$$\begin{array}{r} 600 \\ -\ 245 \\ \hline \end{array}$$

(3)
$$\begin{array}{r} 748 \\ -\ 249 \\ \hline \end{array}$$

(4)
$$\begin{array}{r} 406 \\ -\ 189 \\ \hline \end{array}$$

(5)
$$\begin{array}{r} 962 \\ -\ 478 \\ \hline \end{array}$$

(6)
$$\begin{array}{r} 271 \\ -\ 83 \\ \hline \end{array}$$

선생님만 보세요

문제 1 앞 차시에서 익혔던 백의 자리와 십의 자리에서 받아내림이 있는 세 자리 수의 뺄셈에 대한 표준 알고리즘을 복습한다. 백의 자리와 십의 자리 숫자 위에 알맞은 수를 넣는 것에 초점을 둔다.

(7)

$$\begin{array}{r} 824 \\ -\ 359 \\ \hline \end{array}$$

(8)

$$\begin{array}{r} 630 \\ -\ 246 \\ \hline \end{array}$$

(9) $543-57=$

(10) $400-286=$

(11) $728-629=$

(12) $304-296=$

문제 2 | □ 안에 알맞은 수를 넣으시오.

(1)

$$\begin{array}{r} \square\,3\,6 \\ -\ 1\,5\,\square \\ \hline 1\,8\,6 \end{array}$$

(2)

$$\begin{array}{r} 6\,8\,4 \\ -\ 1\,\square\,\square \\ \hline 4\,9\,9 \end{array}$$

(3)

$$\begin{array}{r} 6\,8\,4 \\ -\ 4\,9\,6 \\ \hline \square\,8\,\square \end{array}$$

문제 2 세 자리 수의 뺄셈 문제이지만 새로운 유형이다. 단순 계산이 아니라 뺄셈 알고리즘을 얼마나 정확하게 파악하고 있는지 확인할 수 있는 문제다. 이때 뺄셈이 덧셈의 역이라는 것을 직관적으로 이해할 수 있어야 한다. 예를 들어 (1)번 문제의 십의 자리 뺄셈 3-□=8은 실제로 13-□=8이라는 것을 8+□=13이라는 덧셈으로 파악해야 한다.

(4)
$$\begin{array}{r} 4\ 0\ \square \\ -\ \square\ 5\ 7 \\ \hline 1\ 4\ 3 \end{array}$$

(5)
$$\begin{array}{r} 4\ 2\ \square \\ -\ \square\ 7\ 8 \\ \hline 1\ 4\ 8 \end{array}$$

(6)
$$\begin{array}{r} 8\ 7\ 2 \\ -\ \square\ 8\ \square \\ \hline 1\ 8\ 5 \end{array}$$

(7)
$$\begin{array}{r} 7\ 1\ \square \\ -\ 2\ 3\ 4 \\ \hline 4\ 7\ 9 \end{array}$$

(8)
$$\begin{array}{r} \square\ 2\ 3 \\ -\ 5\ \square\ 7 \\ \hline 2\ 7\ 6 \end{array}$$

(9)
$$\begin{array}{r} 7\ 3\ \square \\ -\ 3\ 6\ 3 \\ \hline 3\ \square\ 9 \end{array}$$

(10)
$$\begin{array}{r} 3\ 0\ 7 \\ -\ 1\ \square\ 8 \\ \hline 1\ 1\ 9 \end{array}$$

(11)
$$\begin{array}{r} 3\ 6\ 7 \\ -\ 1\ \square\ 8 \\ \hline 1\ 7\ 9 \end{array}$$

(12)
$$\begin{array}{r} 6\ 5\ 8 \\ -\ \square\ 5\ 9 \\ \hline 1\ \square\ 9 \end{array}$$

(13)
$$\begin{array}{r} 2\ 0\ 4 \\ -\ 1\ \square\ 9 \\ \hline 3\ \square \end{array}$$

(14)
$$\begin{array}{r} 2\ 4\ 4 \\ -\ 1\ \square\ 6 \\ \hline 7\ \square \end{array}$$

(15)
$$\begin{array}{r} 9\ 3\ 1 \\ -\ 2\ 9\ 2 \\ \hline 6\ \square\ 9 \end{array}$$

15 일차 세 자리수의 덧셈과 뺄셈

공부한 날짜　　월　　일

문제 1 | 직접 채점하고, 틀린 답을 바르게 고치시오.

(1)
$$\begin{array}{r} 1 \\ 225 \\ +\,188 \\ \hline 313 \end{array}$$
(3 → 4)

(2)
$$\begin{array}{r} 1 \\ 429 \\ +\,237 \\ \hline 666 \end{array}$$

(3)
$$\begin{array}{r} 543 \\ +\,377 \\ \hline 921 \end{array}$$

(4)
$$\begin{array}{r} 492 \\ +\,455 \\ \hline 847 \end{array}$$

(5)
$$\begin{array}{r} 365 \\ +\,299 \\ \hline 664 \end{array}$$

(6)
$$\begin{array}{r} 853 \\ +\,146 \\ \hline 909 \end{array}$$

(7)
$$\begin{array}{r} 842 \\ -\,349 \\ \hline 493 \end{array}$$

(8)
$$\begin{array}{r} 648 \\ -\,358 \\ \hline 210 \end{array}$$

(9)
$$\begin{array}{r} 904 \\ -\,157 \\ \hline 757 \end{array}$$

문제 1 세 자리 수의 덧셈과 뺄셈을 복습하는 문제이지만, 직접 계산이 아니라 채점하는 활동이다. 피채점자가 아닌 채점자의 역할을 수행하는 『생각하는 연산』 프로그램에만 들어 있는 문제 형식이다. 틀린 답의 경우에 어떤 오류가 있는지를 설명하게 하는 것도 좋은 지도 방안 가운데 하나다.

(10)
$$\begin{array}{r} 703 \\ -\ 289 \\ \hline 414 \end{array}$$

(11)
$$\begin{array}{r} 284 \\ -\ 195 \\ \hline 111 \end{array}$$

(12)
$$\begin{array}{r} 573 \\ -\ 479 \\ \hline 54 \end{array}$$

문제 2 | 다음 문제를 읽고 알맞은 식과 답을 넣으시오.

(1) 윤서는 책 628권을 가지고 있습니다. 주아가 윤서에게 594권을 더 주었을 때 윤서가 가지고 있는 책은 모두 몇 권인가요?

식: ______________________ **답:** __________ 권

(2) 운동회에서 청군이 백군보다 285점 더 많이 얻었습니다. 백군이 696점을 얻었다면 청군은 몇 점을 얻었을까요?

식: ______________________ **답:** __________ 점

문제 2 덧셈과 뺄셈의 소위 응용문제다. 문제 해결의 첫 번째는 덧셈과 뺄셈 가운데 어느 식을 적용할 것인지 판단하는 것이다. 문제 풀이 후에 이에 대한 논의가 필요하다. 어려워한다면 숫자를 줄여 더 간단한 문제로 바꿔 제시하는 것이 필요하다.

(3) 진욱이는 412장의 메모지를 가지고 있습니다. 강민이는 진욱이보다 169장 더 적게 가지고 있습니다. 강민이는 몇 장을 가지고 있을까요?

식: ______________________ **답:** ________ 장

(4) 축구장에 남자와 여자 합쳐서 모두 837명이 입장했습니다. 여자가 395명이었다면 남자는 몇 명인가요?

식: ______________________ **답:** ________ 명

(5) 수미가 집에서 문구점에 들렀다가 학교까지 가는 거리는 모두 몇 m인가요?

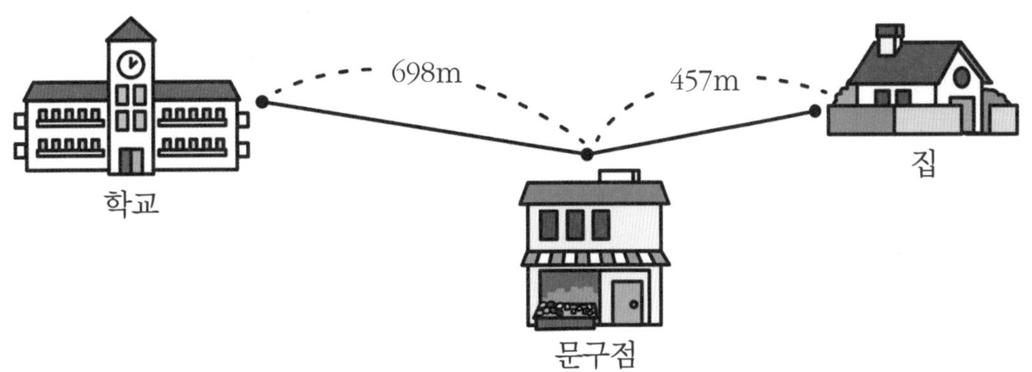

식: ______________________ **답:** ________ m

(6) 단추를 혜정이는 432개, 주아는 280개를 가지고 있습니다. 주아가 혜정이와 같은 개수의 단추를 가지려면 몇 개가 더 필요하나요?

식: ______________________ 답: ________ 개

(7) 3일 동안 아이스크림을 모두 몇 개 팔았나요?

	판매한 아이스크림 개수
첫째 날	149개
둘째 날	153개
셋째 날	209개

식: ______________________ 답: ________ 개

(8) 빈칸에 들어갈 수를 구하시오.

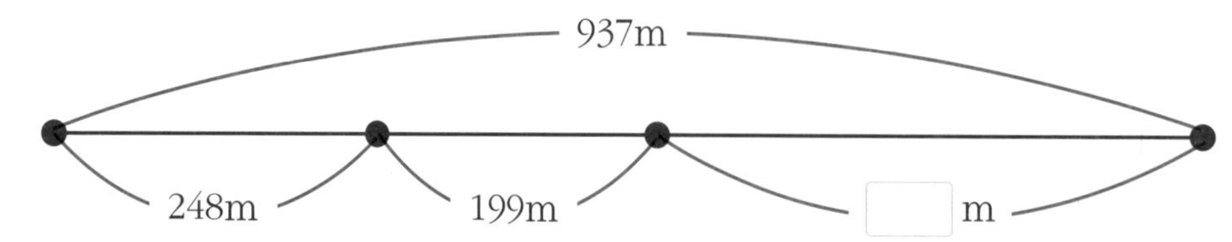

식: ______________________ 답: ________ m

+ 정답 ÷

1 덧셈의 완성

14p

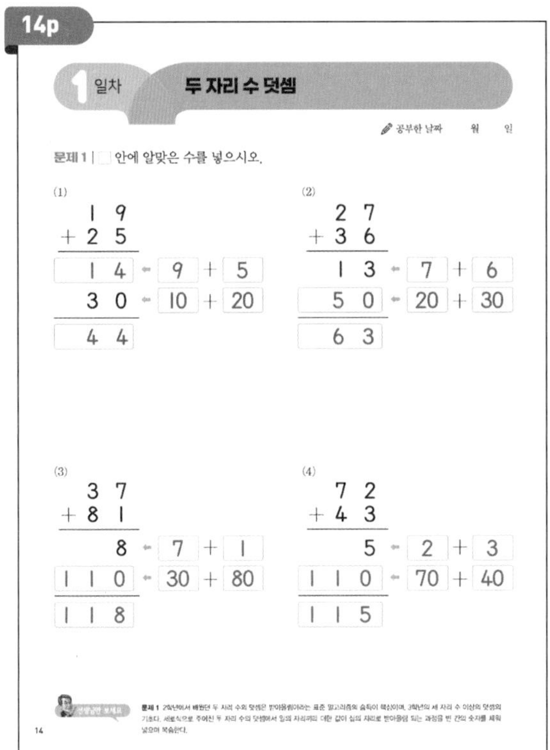

15p

1일차 두 자리 수 덧셈

(5) 68 + 73 = 141 (11 ← 8 + 3, 130 ← 60 + 70)

(6) 84 + 79 = 163 (13 ← 4 + 9, 150 ← 80 + 70)

문제 2 | 다음을 계산하시오.

(1) 75 + 18 = 93

(2) 28 + 44 = 72

(3) 36 + 29 = 65

(4) 92 + 50 = 142

(5) 81 + 72 = 153

(6) 63 + 55 = 118

15

16p

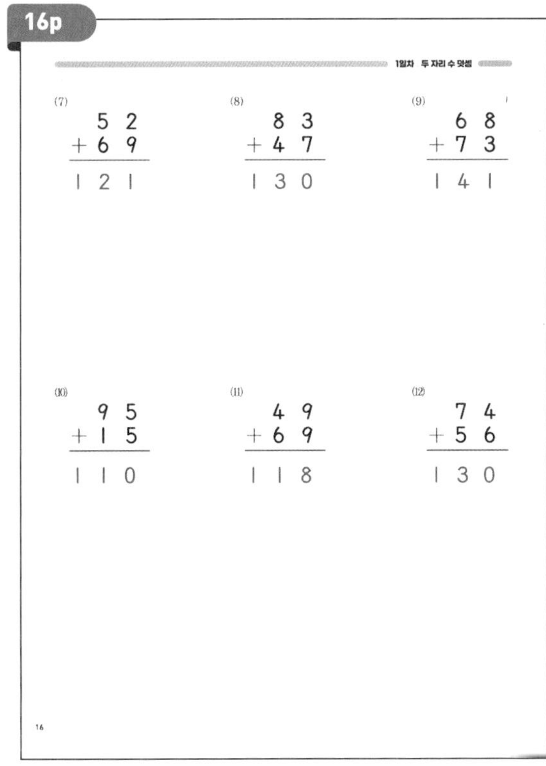

18p

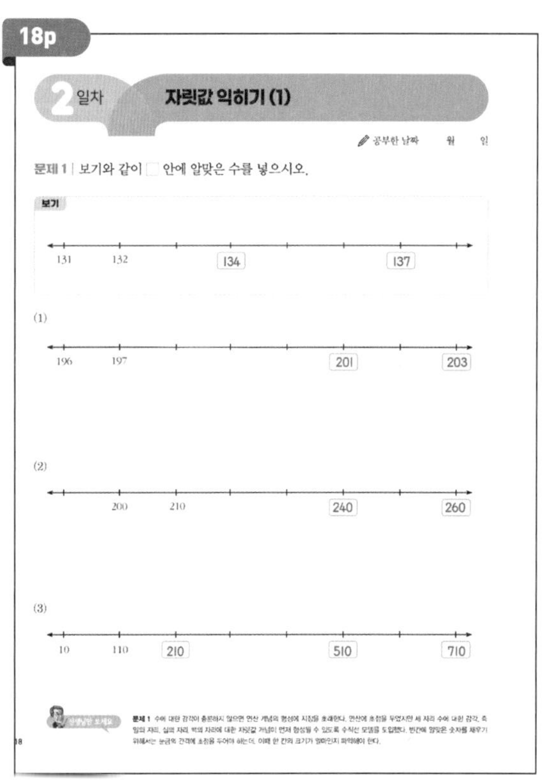

+ 정답 ÷

19p

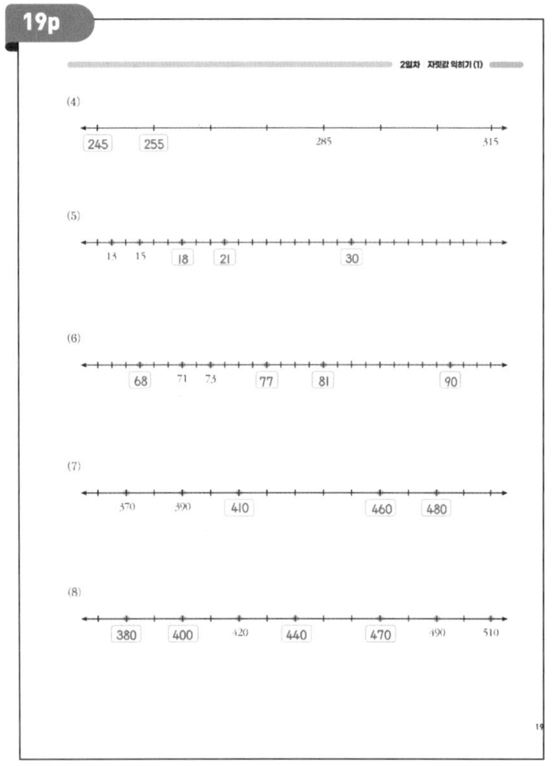
2일차 자릿값 익히기 (1)

(4) 245, 255, 285, 315

(5) 13, 15, 18, 21, 30

(6) 68, 71, 73, 77, 81, 90

(7) 370, 390, 410, 460, 480

(8) 380, 400, 420, 440, 470, 490, 510

19

20p

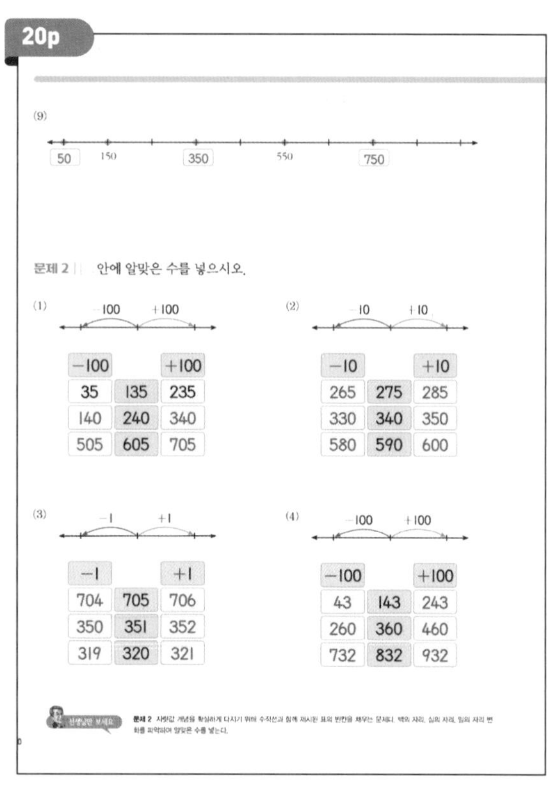
(9) 50, 150, 350, 550, 750

문제 2 | 안에 알맞은 수를 넣으시오.

(1) −100 +100

−100		+100
35	135	235
140	240	340
505	605	705

(2) −10 +10

−10		+10
265	275	285
330	340	350
580	590	600

(3) −1 +1

−1		+1
704	705	706
350	351	352
319	320	321

(4) −100 +100

−100		+100
43	143	243
260	360	460
732	832	932

21p

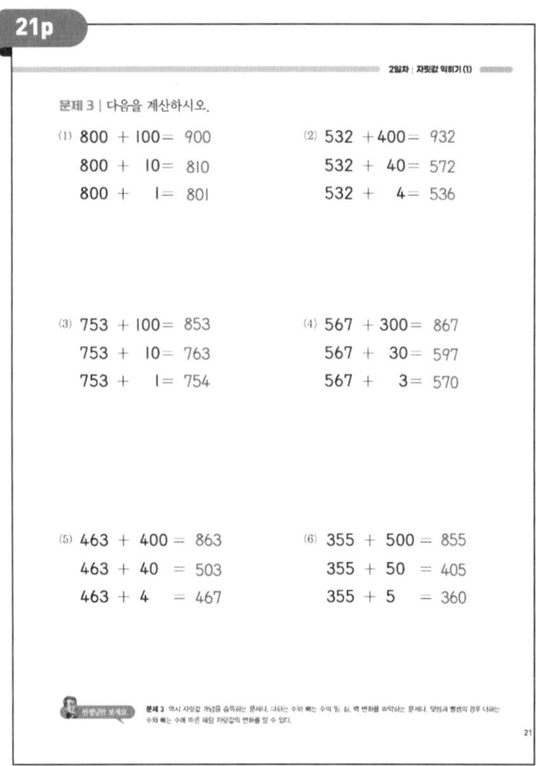
2일차 자릿값 익히기 (1)

문제 3 | 다음을 계산하시오.

(1) 800 + 100 = 900
800 + 10 = 810
800 + 1 = 801

(2) 532 + 400 = 932
532 + 40 = 572
532 + 4 = 536

(3) 753 + 100 = 853
753 + 10 = 763
753 + 1 = 754

(4) 567 + 300 = 867
567 + 30 = 597
567 + 3 = 570

(5) 463 + 400 = 863
463 + 40 = 503
463 + 4 = 467

(6) 355 + 500 = 855
355 + 50 = 405
355 + 5 = 360

21

23p

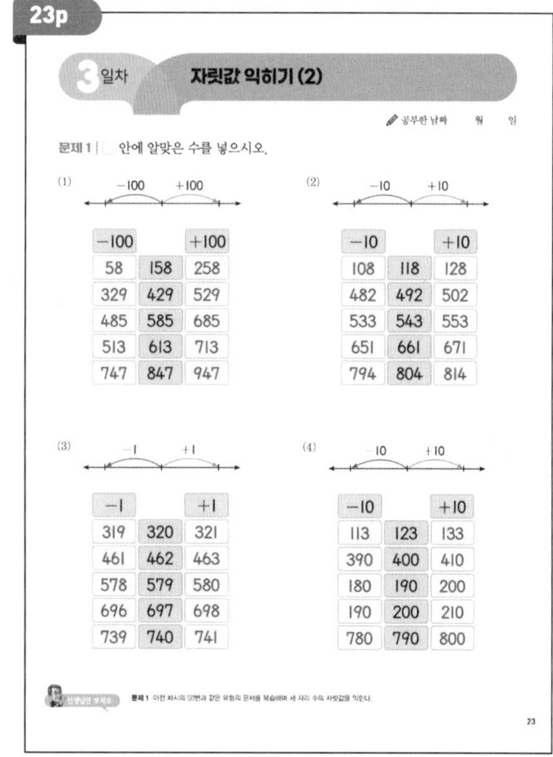
3일차 자릿값 익히기 (2)

공부한 날짜 월 일

문제 1 | 안에 알맞은 수를 넣으시오.

(1) −100 +100

−100		+100
58	158	258
329	429	529
485	585	685
513	613	713
747	847	947

(2) −10 +10

−10		+10
108	118	128
482	492	502
533	543	553
651	661	671
794	804	814

(3) −1 +1

−1		+1
319	320	321
461	462	463
578	579	580
696	697	698
739	740	741

(4) −10 +10

−10		+10
113	123	133
390	400	410
180	190	200
190	200	210
780	790	800

23

24p

문제 2 | 빈 칸에 알맞은 수를 넣으시오.

(1) 267 →(+10) 277 →(+1) 278 →(+1) 279 →(+10) 289 →(+100) 389

267	277	278	279	289	389

(2) 487 ←(−1) 488 ←(−10) 498 ←(−1) 499 ←(−100) 599 ←(−100) 699

487	488	498	499	599	699

(3) 425 →(+100) 525 →(+10) 535 →(+1) 536 →(+100) 636 →(+1) 637 →(+10) 647

425	525	535	536	636	637	647

(4) 351 ←(−1) 352 ←(−10) 362 ←(−100) 462 ←(−100) 562 ←(−1) 563 ←(−10) 573

351	352	362	462	562	563	573

24

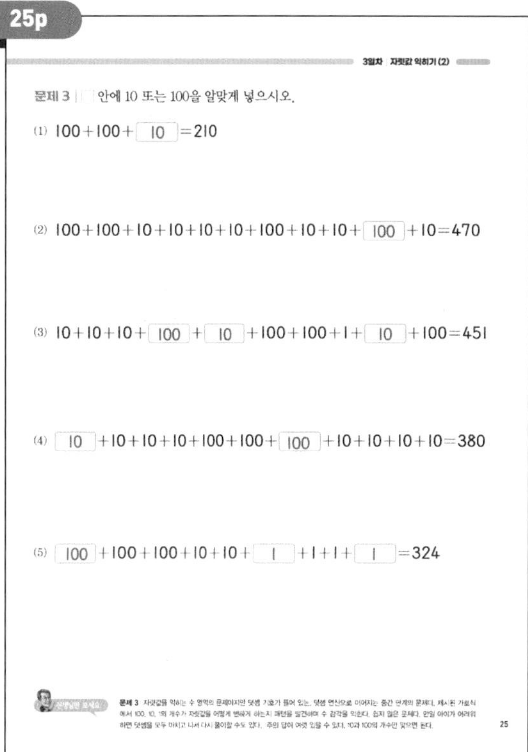
25p

3일차 자릿값 익히기 (2)

문제 3 | □ 안에 10 또는 100을 알맞게 넣으시오.

(1) 100 + 100 + [10] = 210

(2) 100 + 100 + 10 + 10 + 10 + 10 + 100 + 10 + 10 + [100] + 10 = 470

(3) 10 + 10 + 10 + [100] + [10] + 100 + 100 + 1 + [10] + 100 = 451

(4) [10] + 10 + 10 + 10 + 100 + 100 + [100] + 10 + 10 + 10 + 10 = 380

(5) [100] + 100 + 100 + 10 + 10 + [1] + 1 + 1 + [1] = 324

25

26p

3일차 자릿값 익히기 (2)

문제 4 | 다음을 계산하시오.

(1) 748 + 100 = 848
748 + 10 = 758
748 + 1 = 749

(2) 400 − 100 = 300
400 − 10 = 390
400 − 1 = 399

(3) 577 + 100 = 677
577 + 10 = 587
577 + 1 = 578

(4) 600 − 100 = 500
600 − 10 = 590
600 − 1 = 599

(5) 352 + 200 = 552
352 + 20 = 372
352 + 2 = 354

(6) 895 − 500 = 395
895 − 50 = 845
895 − 5 = 890

26

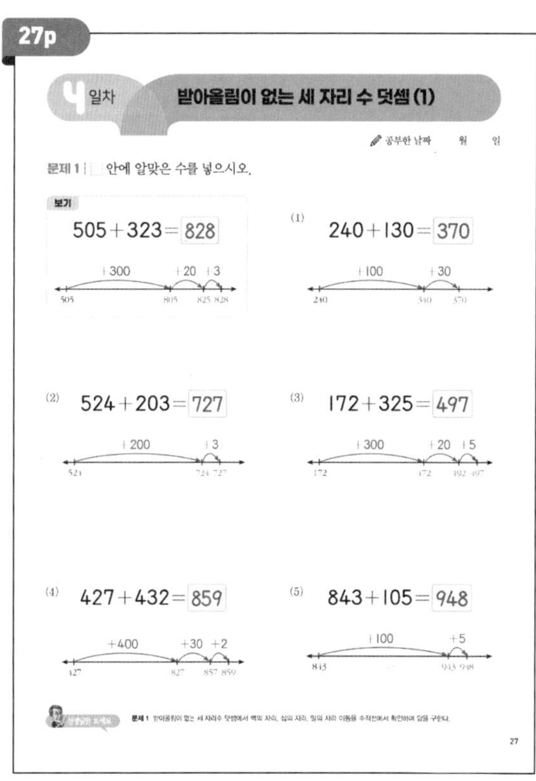
27p

4일차 받아올림이 없는 세 자리 수 덧셈 (1)

공부한 날짜 월 일

문제 1 | □ 안에 알맞은 수를 넣으시오.

보기 505 + 323 = [828] (+300, +20, +3: 505, 805, 825, 828)

(1) 240 + 130 = [370] (+100, +30: 240, 340, 370)

(2) 524 + 203 = [727] (+200, +3: 524, 724, 727)

(3) 172 + 325 = [497] (+300, +20, +5: 172, 472, 492, 497)

(4) 427 + 432 = [859] (+400, +30, +2: 427, 827, 857, 859)

(5) 843 + 105 = [948] (+100, +5: 843, 943, 948)

27

+ 정답 ÷

28p

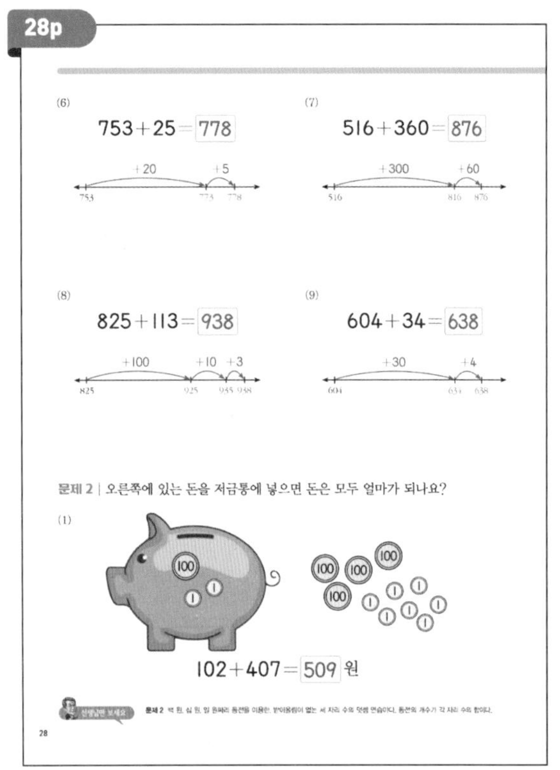

(6)
753+25=778
(7)
516+360=876
(8)
825+113=938
(9)
604+34=638
문제 2 | 오른쪽에 있는 돈을 저금통에 넣으면 돈은 모두 얼마가 되나요?
(1)
102+407=509 원

29p

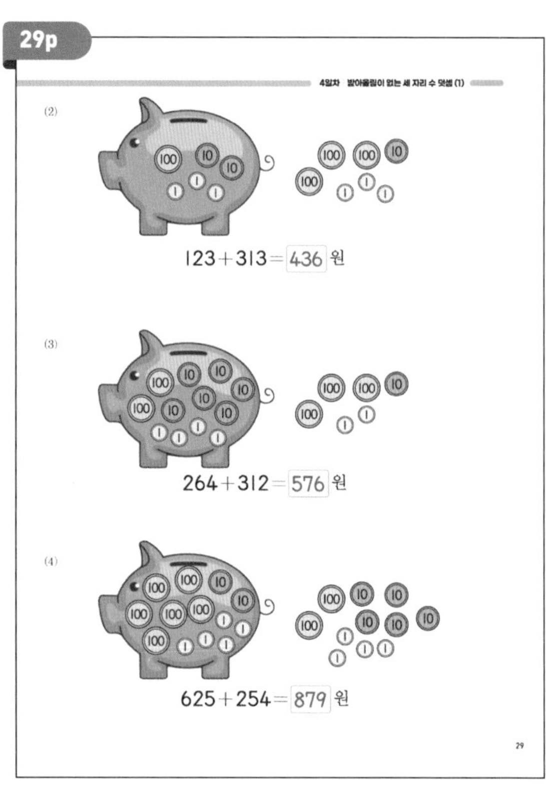

30p

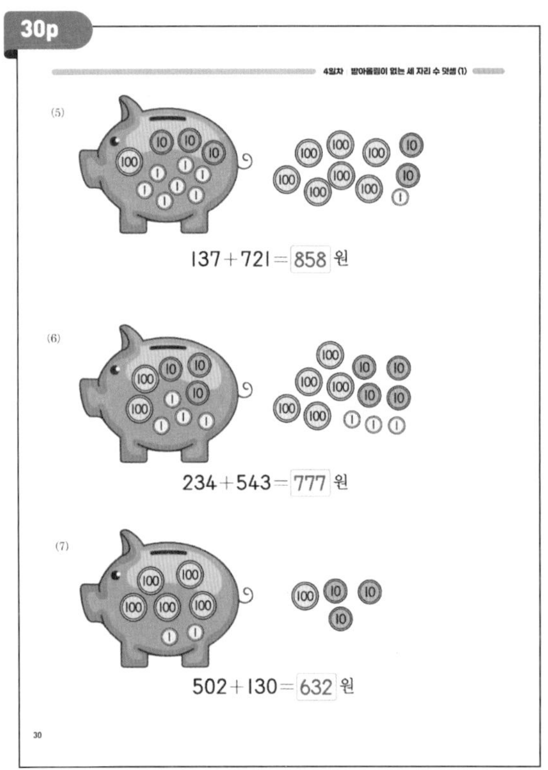

31p

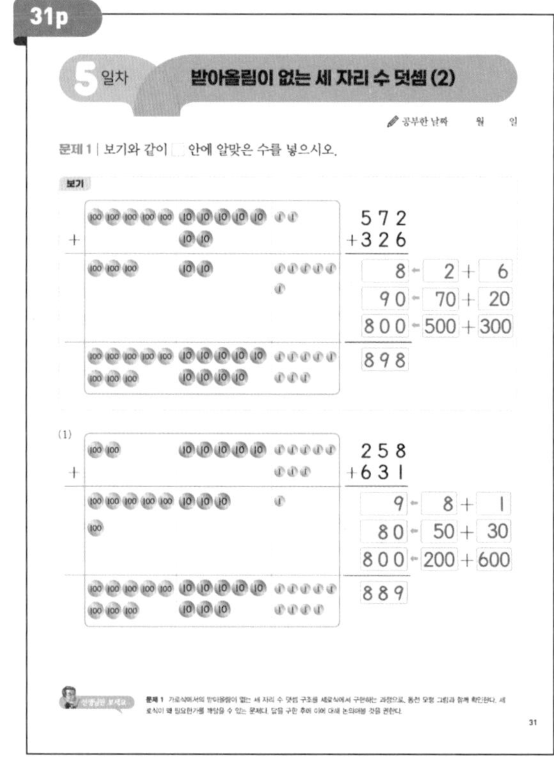

5일차 받아올림이 없는 세 자리 수 덧셈 (2)
문제 1 | 보기와 같이 안에 알맞은 수를 넣으시오.
572
+326
898
258
+631
889

32p

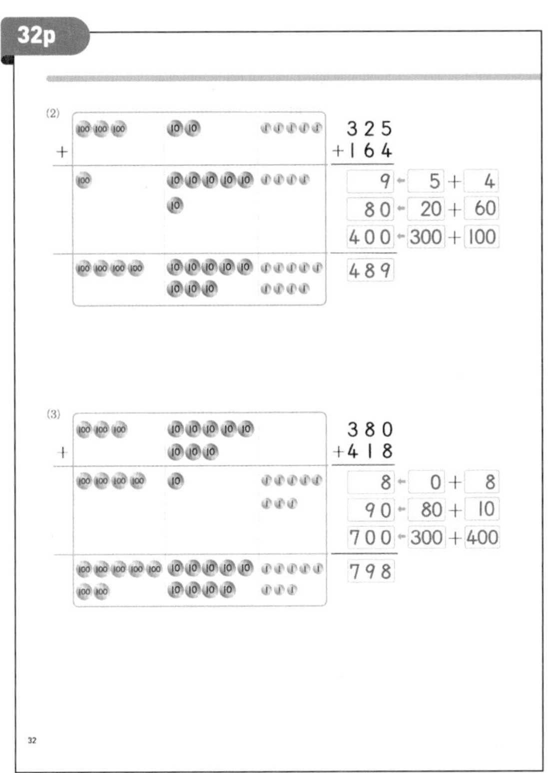

(2)

$$\begin{array}{r} 325 \\ +\ 164 \\ \hline \end{array}$$

9 ← 5 + 4

80 ← 20 + 60

400 ← 300 + 100

489

(3)

$$\begin{array}{r} 380 \\ +\ 418 \\ \hline \end{array}$$

8 ← 0 + 8

90 ← 80 + 10

700 ← 300 + 400

798

32

33p

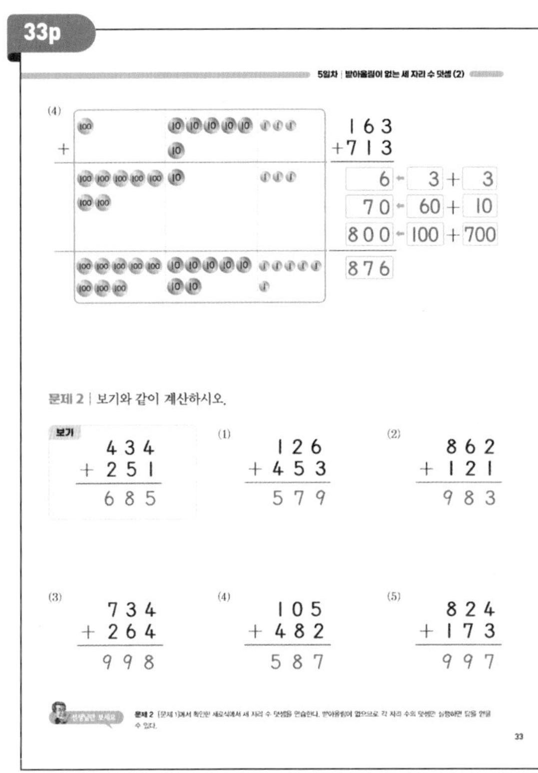

5일차 | 받아올림이 없는 세 자리 수 덧셈 (2)

(4)

$$\begin{array}{r} 163 \\ +\ 713 \\ \hline \end{array}$$

6 ← 3 + 3

70 ← 60 + 10

800 ← 100 + 700

876

문제 2 | 보기와 같이 계산하시오.

보기

$$\begin{array}{r} 434 \\ +\ 251 \\ \hline 685 \end{array}$$

(1)

$$\begin{array}{r} 126 \\ +\ 453 \\ \hline 579 \end{array}$$

(2)

$$\begin{array}{r} 862 \\ +\ 121 \\ \hline 983 \end{array}$$

(3)

$$\begin{array}{r} 734 \\ +\ 264 \\ \hline 998 \end{array}$$

(4)

$$\begin{array}{r} 105 \\ +\ 482 \\ \hline 587 \end{array}$$

(5)

$$\begin{array}{r} 824 \\ +\ 173 \\ \hline 997 \end{array}$$

33

34p

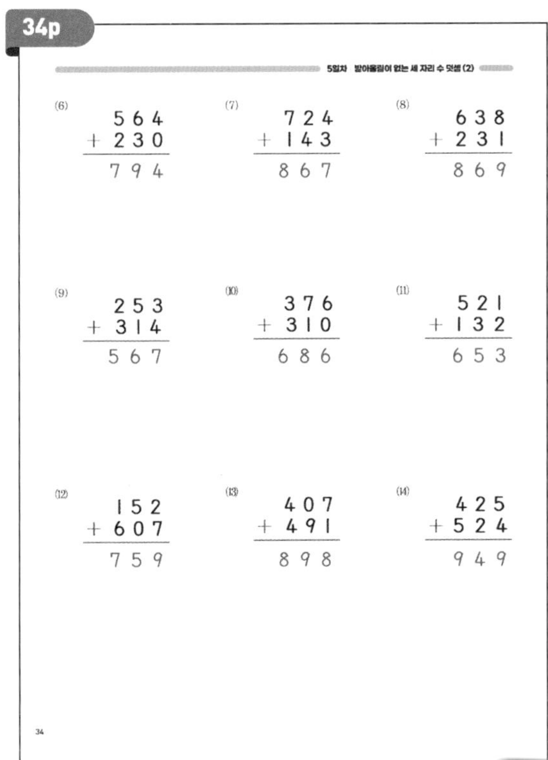

5일차 받아올림이 없는 세 자리 수 덧셈 (2)

(6)

$$\begin{array}{r} 564 \\ +\ 230 \\ \hline 794 \end{array}$$

(7)

$$\begin{array}{r} 724 \\ +\ 143 \\ \hline 867 \end{array}$$

(8)

$$\begin{array}{r} 638 \\ +\ 231 \\ \hline 869 \end{array}$$

(9)

$$\begin{array}{r} 253 \\ +\ 314 \\ \hline 567 \end{array}$$

(10)

$$\begin{array}{r} 376 \\ +\ 310 \\ \hline 686 \end{array}$$

(11)

$$\begin{array}{r} 521 \\ +\ 132 \\ \hline 653 \end{array}$$

(12)

$$\begin{array}{r} 152 \\ +\ 607 \\ \hline 759 \end{array}$$

(13)

$$\begin{array}{r} 407 \\ +\ 491 \\ \hline 898 \end{array}$$

(14)

$$\begin{array}{r} 425 \\ +\ 524 \\ \hline 949 \end{array}$$

34

37p

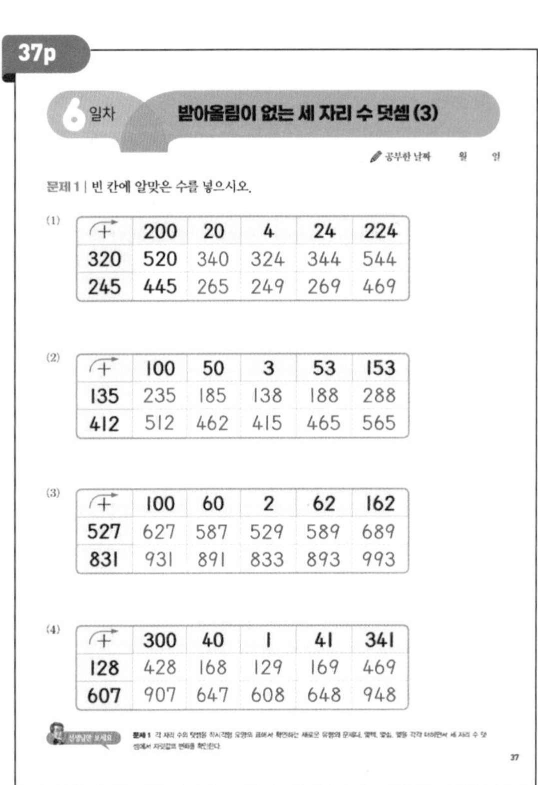

6일차 받아올림이 없는 세 자리 수 덧셈 (3)

공부한 날짜 월 일

문제 1 | 빈 칸에 알맞은 수를 넣으시오.

(1)

+	200	20	4	24	224
320	520	340	324	344	544
245	445	265	249	269	469

(2)

+	100	50	3	53	153
135	235	185	138	188	288
412	512	462	415	465	565

(3)

+	100	60	2	62	162
527	627	587	529	589	689
831	931	891	833	893	993

(4)

+	300	40	1	41	341
128	428	168	129	169	469
607	907	647	608	648	948

37

+ 정답 ÷

38p

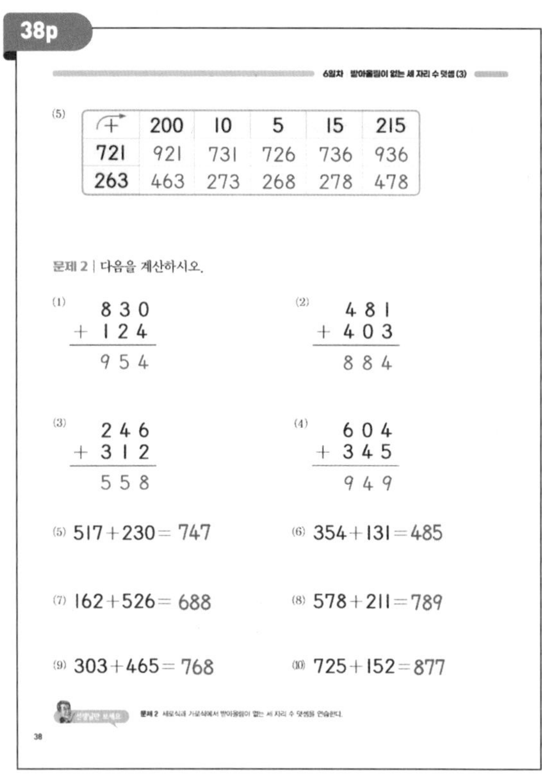

6일차 받아올림이 없는 세 자리 수 덧셈 (3)

(5)

+	200	10	5	15	215
721	921	731	726	736	936
263	463	273	268	278	478

문제 2 | 다음을 계산하시오.

(1) $830 + 124 = 954$

(2) $481 + 403 = 884$

(3) $246 + 312 = 558$

(4) $604 + 345 = 949$

(5) 517+230= 747

(6) 354+131=485

(7) 162+526= 688

(8) 578+211=789

(9) 303+465= 768

(10) 725+152=877

38

39p

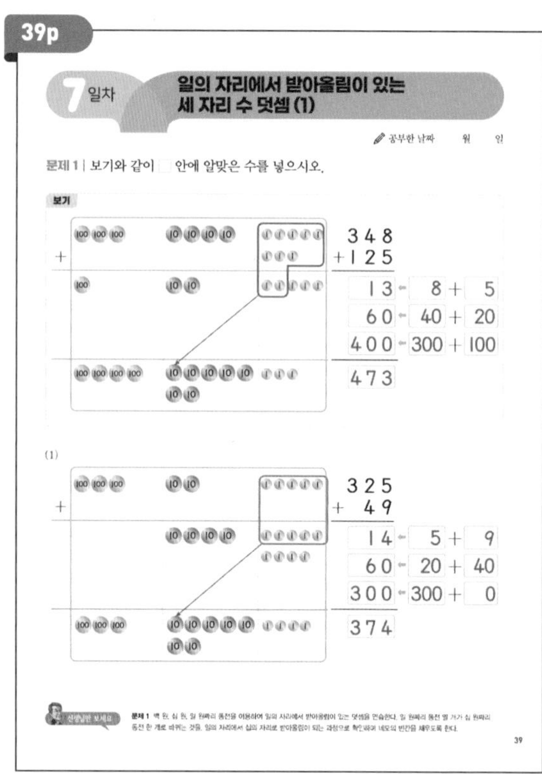

7일차 일의 자리에서 받아올림이 있는 세 자리 수 덧셈 (1)

공부한 날짜 월 일

문제 1 | 보기와 같이 □ 안에 알맞은 수를 넣으시오.

보기

348 + 125

13 = 8 + 5

60 = 40 + 20

400 = 300 + 100

473

(1)

325 + 49

14 = 5 + 9

60 = 20 + 40

300 = 300 + 0

374

39

40p

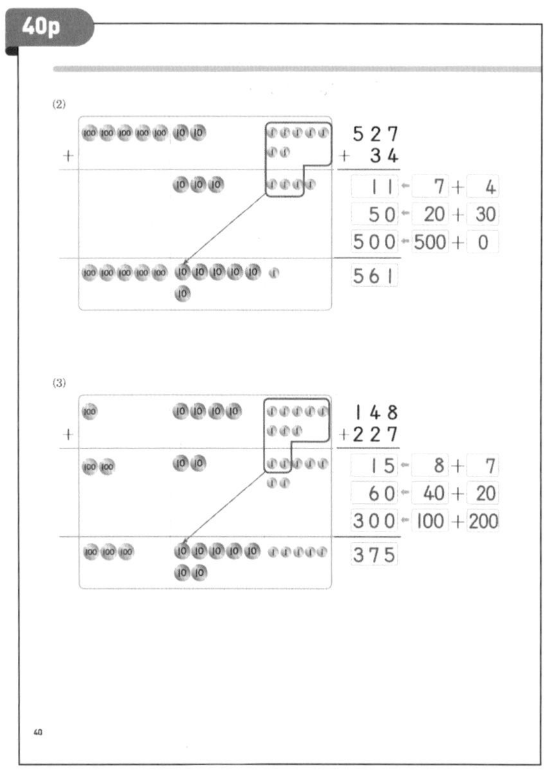

(2)

527 + 34

11 = 7 + 4

50 = 20 + 30

500 = 500 + 0

561

(3)

148 + 227

15 = 8 + 7

60 = 40 + 20

300 = 100 + 200

375

40

41p

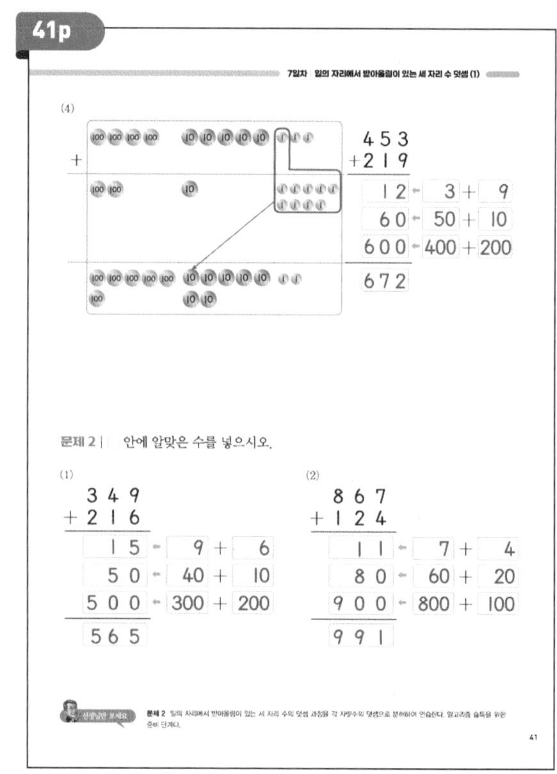

7일차 일의 자리에서 받아올림이 있는 세 자리 수 덧셈 (1)

(4)

453 + 219

12 = 3 + 9

60 = 50 + 10

600 = 400 + 200

672

문제 2 | □ 안에 알맞은 수를 넣으시오.

(1)

349 + 216

15 = 9 + 6

50 = 40 + 10

500 = 300 + 200

565

(2)

867 + 124

11 = 7 + 4

80 = 60 + 20

900 = 800 + 100

991

41

42p

(3)
  7 4 8
+ 1 3 2

1 0	=	8	+	2
7 0	=	40	+	30
8 0 0	=	700	+	100
8 8 0				

(4)
  5 7 3
+ 4 1 9

1 2	=	3	+	9
8 0	=	70	+	10
9 0 0	=	500	+	400
9 9 2				

(5)
  1 3 9
+ 2 1 4

1 3	=	9	+	4
4 0	=	30	+	10
3 0 0	=	100	+	200
3 5 3				

(6)
  6 6 3
+ 2 1 8

1 1	=	3	+	8
7 0	=	60	+	10
8 0 0	=	600	+	200
8 8 1				

42

43p

7일차 일의 자리에서 받아올림이 있는 세 자리 수 덧셈 (1)

(7)
  3 2 7
+ 4 3 6

1 3	=	7	+	6
5 0	=	20	+	30
7 0 0	=	300	+	400
7 6 3				

(8)
  4 7 5
+ 1 1 9

1 4	=	5	+	9
8 0	=	70	+	10
5 0 0	=	400	+	100
5 9 4				

(9)
  2 5 6
+ 3 2 7

1 3	=	6	+	7
7 0	=	50	+	20
5 0 0	=	200	+	300
5 8 3				

(10)
  1 2 3
+ 5 4 9

1 2	=	3	+	9
6 0	=	20	+	40
6 0 0	=	100	+	500
6 7 2				

43

44p

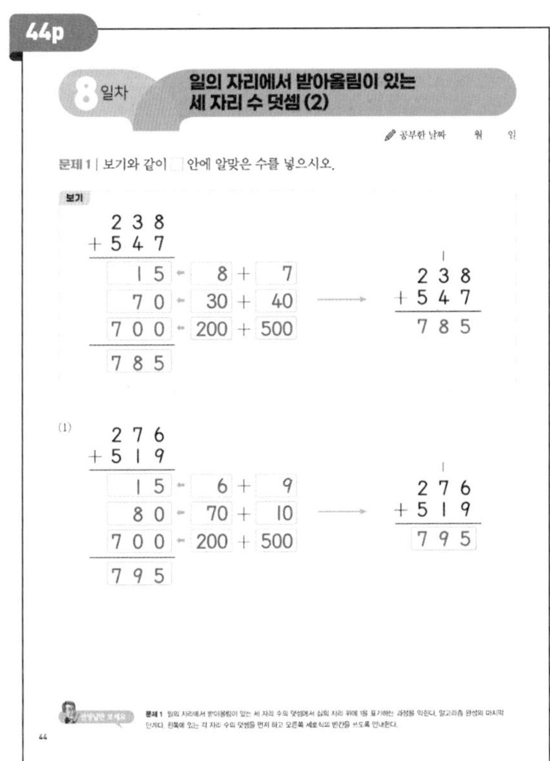

8일차 일의 자리에서 받아올림이 있는 세 자리 수 덧셈 (2)

공부한 날짜 월 일

문제 1 | 보기와 같이 □ 안에 알맞은 수를 넣으시오.

보기

  2 3 8
+ 5 4 7

1 5	=	8	+	7
7 0	=	30	+	40
7 0 0	=	200	+	500
7 8 5				

→ 2 3 8 + 5 4 7 = 7 8 5

(1)
  2 7 6
+ 5 1 9

1 5	=	6	+	9
8 0	=	70	+	10
7 0 0	=	200	+	500
7 9 5				

→ 2 7 6 + 5 1 9 = 7 9 5

문제 1 일의 자리에서 받아올림이 있는 세 자리 수의 덧셈에서 십의 자리 위에 1을 표기하는 과정을 익힌다. 알고리즘 완성의 마지막 단계다. 왼쪽에 있는 각 자리 수의 덧셈을 먼저 하고 오른쪽 세로식의 빈칸을 쓰도록 안내한다.

44

45p

8일차 일의 자리에서 받아올림이 있는 세 자리 수 덧셈 (2)

(2)
  4 5 3
+ 1 2 7

1 0	=	3	+	7
7 0	=	50	+	20
5 0 0	=	400	+	100
5 8 0				

→ 4 5 3 + 1 2 7 = 5 8 0

(3)
  6 2 7
+ 3 6 8

1 5	=	7	+	8
8 0	=	20	+	60
9 0 0	=	600	+	300
9 9 5				

→ 6 2 7 + 3 6 8 = 9 9 5

(4)
  1 4 5
+ 1 2 5

1 0	=	5	+	5
6 0	=	40	+	20
2 0 0	=	100	+	100
2 7 0				

→ 1 4 5 + 1 2 5 = 2 7 0

45

+ 정답 ÷

46p

8일차 | 일의 자리에서 받아올림이 있는 세 자리 수 덧셈 (2)

문제 2 | 다음을 계산하시오.

(1) 357 + 126 = 483
(2) 515 + 235 = 750
(3) 748 + 118 = 866
(4) 486 + 109 = 595
(5) 321 + 329 = 650
(6) 108 + 526 = 634
(7) 569 + 329 = 898
(8) 534 + 436 = 970

46

47p

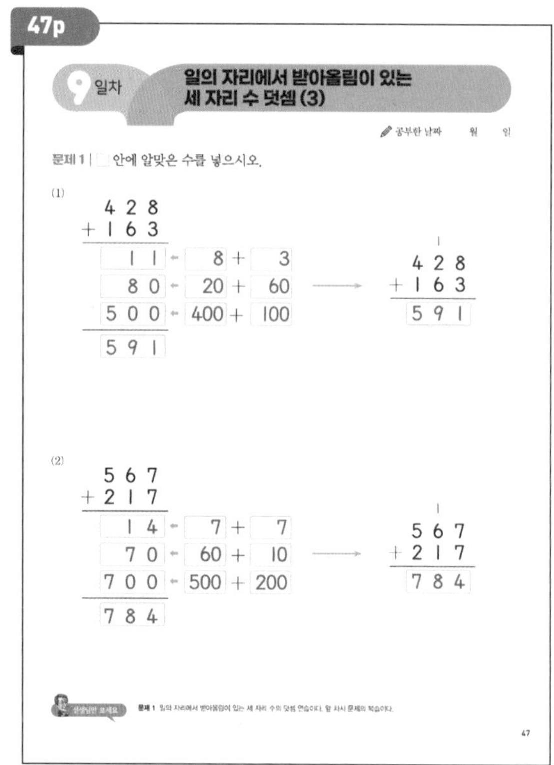

9일차 일의 자리에서 받아올림이 있는 세 자리 수 덧셈 (3)

공부한 날짜 월 일

문제 1 | □ 안에 알맞은 수를 넣으시오.

(1) 428 + 163
11 ← 8 + 3
80 ← 20 + 60
500 ← 400 + 100
591
→ 428 + 163 = 591

(2) 567 + 217
14 ← 7 + 7
70 ← 60 + 10
700 ← 500 + 200
784
→ 567 + 217 = 784

47

48p

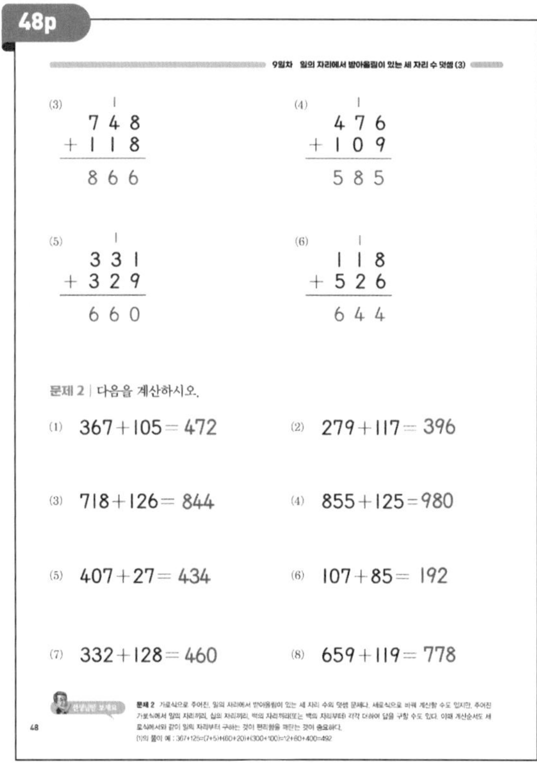

9일차 일의 자리에서 받아올림이 있는 세 자리 수 덧셈 (3)

(3) 748 + 118 = 866
(4) 476 + 109 = 585
(5) 331 + 329 = 660
(6) 118 + 526 = 644

문제 2 | 다음을 계산하시오.

(1) 367+105= 472
(2) 279+117= 396
(3) 718+126= 844
(4) 855+125=980
(5) 407+27= 434
(6) 107+85= 192
(7) 332+128= 460
(8) 659+119= 778

48

49p

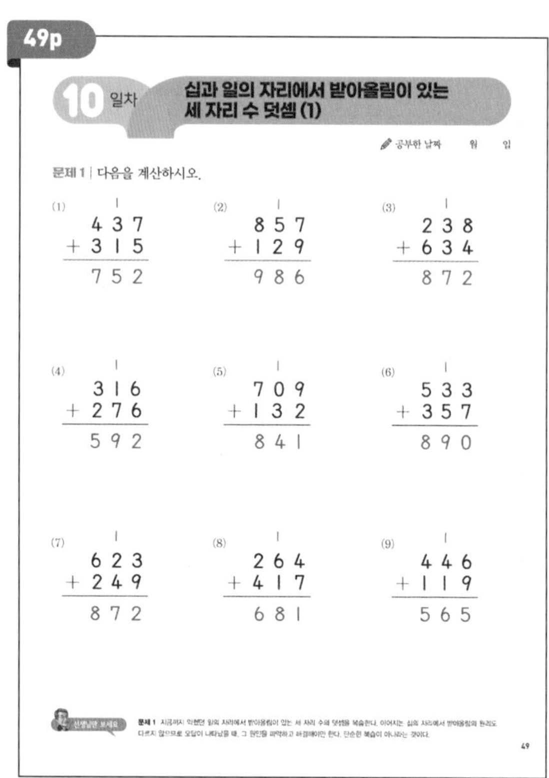

10일차 십과 일의 자리에서 받아올림이 있는 세 자리 수 덧셈 (1)

공부한 날짜 월 일

문제 1 | 다음을 계산하시오.

(1) 437 + 315 = 752
(2) 857 + 129 = 986
(3) 238 + 634 = 872
(4) 316 + 276 = 592
(5) 709 + 132 = 841
(6) 533 + 357 = 890
(7) 623 + 249 = 872
(8) 264 + 417 = 681
(9) 446 + 119 = 565

49

50p

(10) 152+29= 181　(11) 603+147= 750

(12) 589+305= 894　(13) 825+157= 982

(14) 314+456= 770　(15) 738+123= 861

문제 2 | 보기와 같이 □ 안에 알맞은 수를 넣으시오.

보기

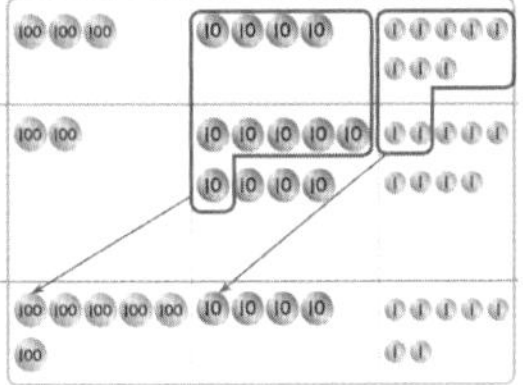

```
  348
+ 299
   17 ← 8 + 9
  130 ← 40 + 90
  500 ← 300 + 200
  647
```

50

51p

(1)

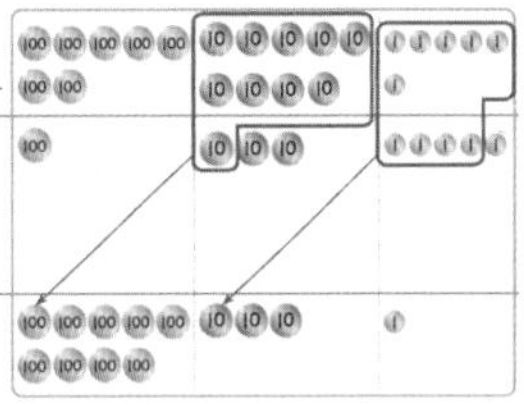

```
  796
+ 135
   11 ← 6 + 5
  120 ← 90 + 30
  800 ← 700 + 100
  931
```

(2)

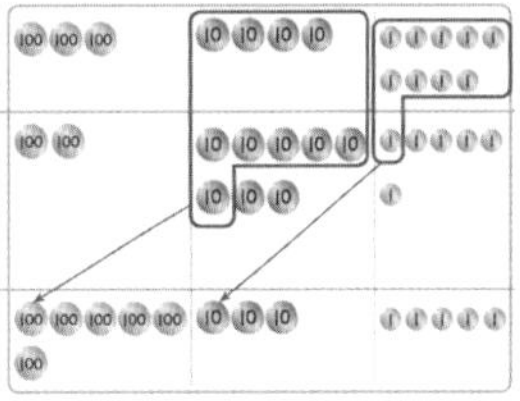

```
  349
+ 286
   15 ← 9 + 6
  120 ← 40 + 80
  500 ← 300 + 200
  635
```

51

52p

(3)

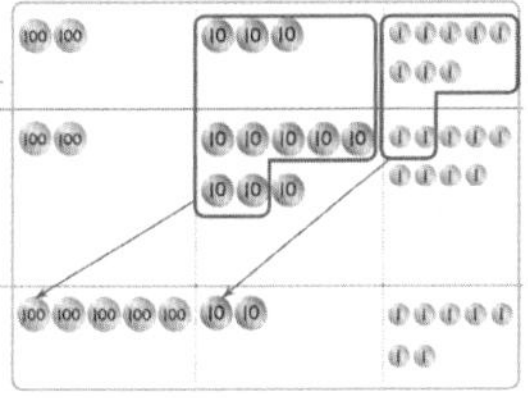

```
  238
+ 289
   17 ← 8 + 9
  110 ← 30 + 80
  400 ← 200 + 200
  527
```

(4)

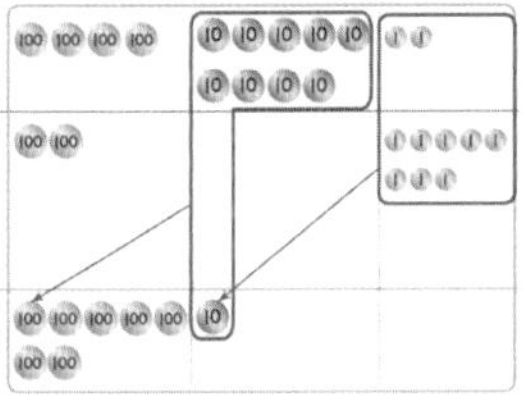

```
  492
+ 208
   10 ← 2 + 8
   90 ← 90 + 0
  600 ← 400 + 200
  700
```

52

53p

11일차 십과 일의 자리에서 받아올림이 있는 세 자리 수 덧셈 (2)

공부한 날짜 월 일

문제 1 | 보기와 같이 □ 안에 알맞은 수를 넣으시오.

보기

```
  302
+ 199
   11 ← 2 + 9
   90 ← 0 + 90          1 1
  400 ← 300 + 100  →    302
  501                 + 199
                        501
```

(1)

```
  476
+ 358
   14 ← 6 + 8           1 1
  120 ← 70 + 50    →    476
  700 ← 400 + 300     + 358
  834                   834
```

53

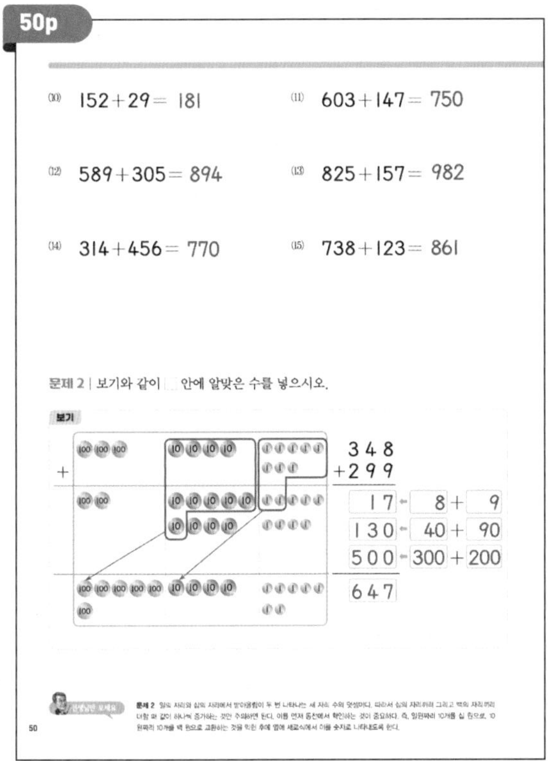

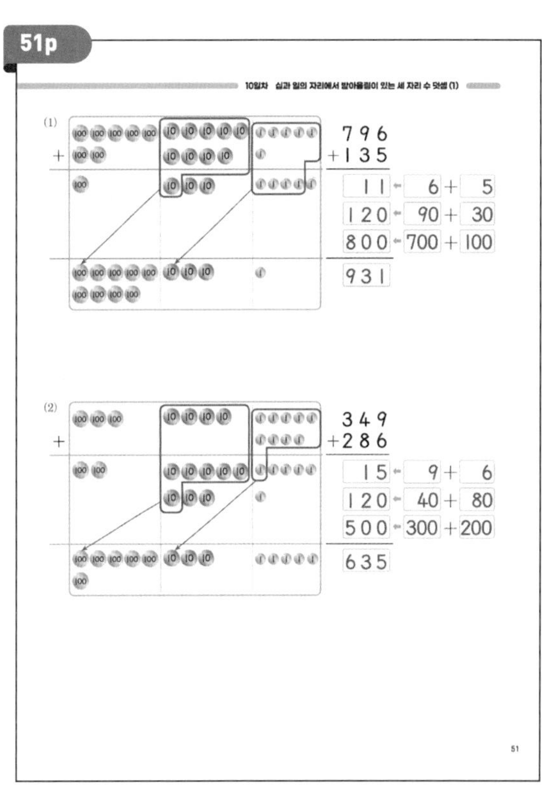

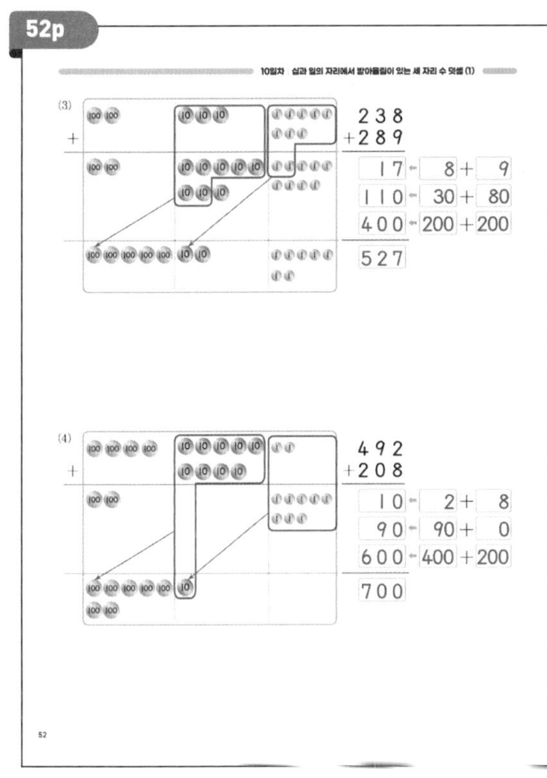

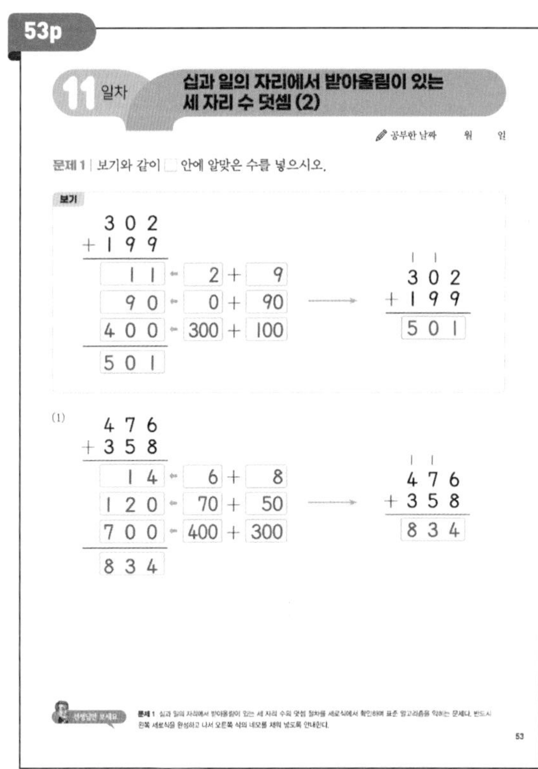

+ 정답 ÷

54p

(2)

391 + 109

10 = 1 + 9
90 = 90 + 0
400 = 300 + 100
500

→ 391 + 109 = 500

(3)

148 + 159

17 = 8 + 9
90 = 40 + 50
200 = 100 + 100
307

→ 148 + 159 = 307

55p

11일차 십과 일의 자리에서 받아올림이 있는 세 자리 수 덧셈 (2)

(4)

257 + 456

13 = 7 + 6
100 = 50 + 50
600 = 200 + 400
713

→ 257 + 456 = 713

(5)

763 + 179

12 = 3 + 9
130 = 60 + 70
800 = 700 + 100
942

→ 763 + 179 = 942

56p

11일차 십과 일의 자리에서 받아올림이 있는 세 자리 수 덧셈 (2)

문제 2 | 보기와 같이 계산하시오.

보기 552 + 278 = 830

(1) 467 + 156 = 623

(2) 273 + 128 = 401

(3) 684 + 216 = 900

(4) 299 + 126 = 425

(5) 359 + 258 = 617

(6) 135 + 789 = 924

(7) 548 + 374 = 922

(8) 182 + 439 = 621

(9) 354 + 146 = 500

(10) 459 + 147 = 606

(11) 723 + 178 = 901

선생님만 보세요 **문제 2** 십과 일의 자리에서 받아올림이 있는 세 자리 수의 덧셈에 대한 표준 알고리즘을 완성하는 문제다. 일의 자리부터 먼저 계산하는 절차를 따르는지 주의 깊게 지켜보아야 한다.

57p

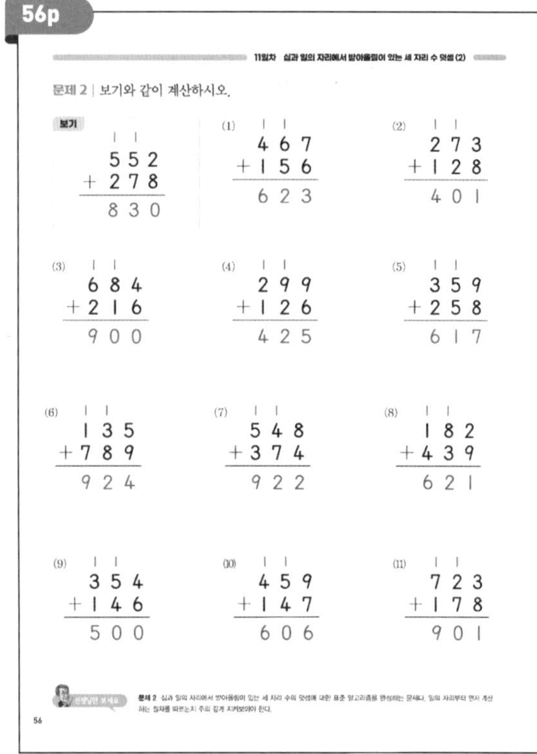

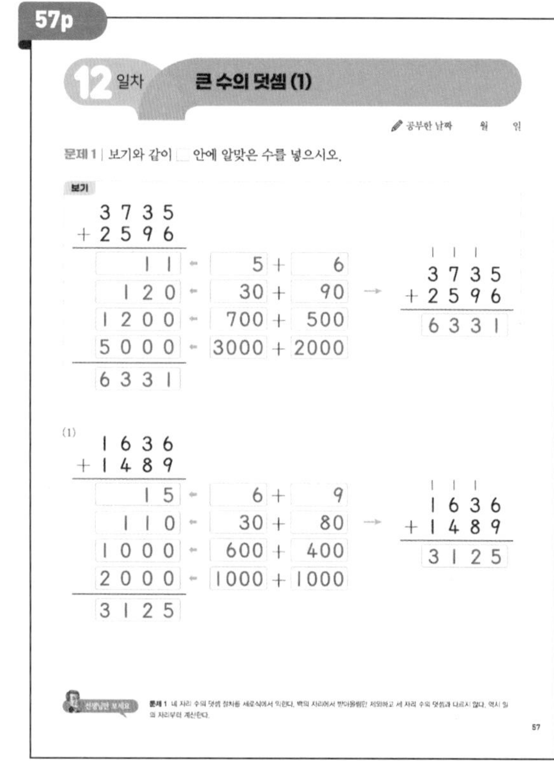

12일차 큰 수의 덧셈 (1)

공부한 날짜 월 일

문제 1 | 보기와 같이 □ 안에 알맞은 수를 넣으시오.

보기

3735 + 2596

11 = 5 + 6
120 = 30 + 90
1200 = 700 + 500
5000 = 3000 + 2000
6331

→ 3735 + 2596 = 6331

(1)

1636 + 1489

15 = 6 + 9
110 = 30 + 80
1000 = 600 + 400
2000 = 1000 + 1000
3125

→ 1636 + 1489 = 3125

선생님만 보세요 **문제 1** 네 자리 수의 덧셈 절차를 세로식에서 익힌다. 백의 자리에서 받아올림만 제외하고 세 자리 수의 덧셈과 다르지 않다. 역시 일의 자리부터 계산한다.

58p

(2)
3356
+ 2374

10 ← 6 + 4
120 ← 50 + 70
600 ← 300 + 300
5000 ← 3000 + 2000

5730

→ 3356 + 2374 = 5730

(3)
2853
+ 1695

8 ← 3 + 5
140 ← 50 + 90
1400 ← 800 + 600
3000 ← 2000 + 1000

4548

→ 2853 + 1695 = 4548

58

59p

12일차 큰 수의 덧셈 (1)

(4)
2761
+ 2839

10 ← 1 + 9
90 ← 60 + 30
1500 ← 700 + 800
4000 ← 2000 + 2000

5600

→ 2761 + 2839 = 5600

문제 2 | 보기와 같이 계산하시오.

보기
2486 + 1675 = 4161

(1) 1387 + 4926 = 6313

(2) 2412 + 5789 = 8201

(3) 3572 + 468 = 4040

59

60p

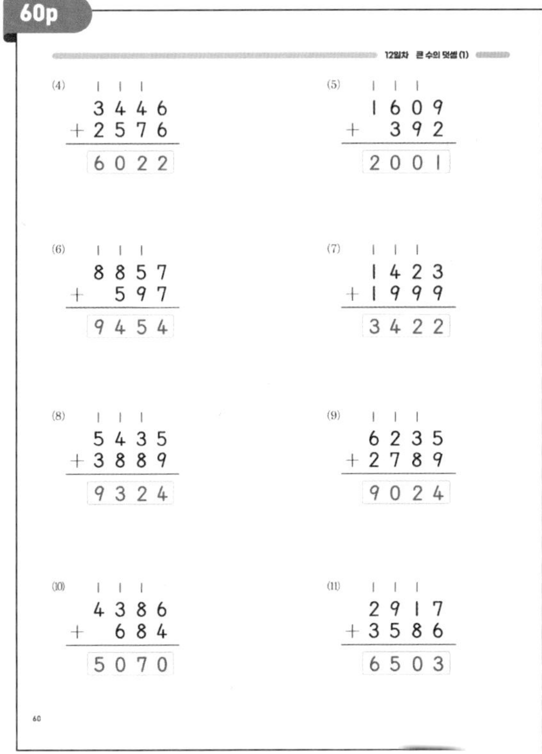

12일차 큰 수의 덧셈 (1)

(4) 3446 + 2576 = 6022

(5) 1609 + 392 = 2001

(6) 8857 + 597 = 9454

(7) 1423 + 1999 = 3422

(8) 5435 + 3889 = 9324

(9) 6235 + 2789 = 9024

(10) 4386 + 684 = 5070

(11) 2917 + 3586 = 6503

60

61p

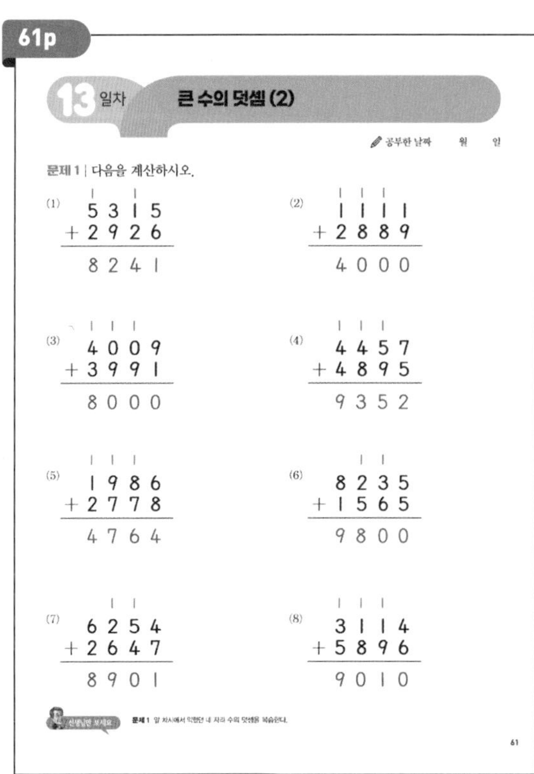

13일차 큰 수의 덧셈 (2)

공부한 날짜 월 일

문제 1 | 다음을 계산하시오.

(1) 5315 + 2926 = 8241

(2) 1111 + 2889 = 4000

(3) 4009 + 3991 = 8000

(4) 4457 + 4895 = 9352

(5) 1986 + 2778 = 4764

(6) 8235 + 1565 = 9800

(7) 6254 + 2647 = 8901

(8) 3114 + 5896 = 9010

61

+ 정답 ÷

62p

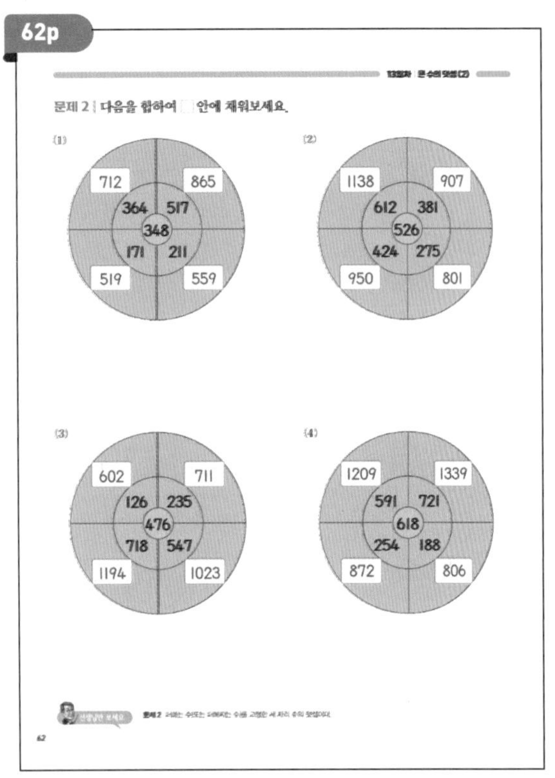

63p

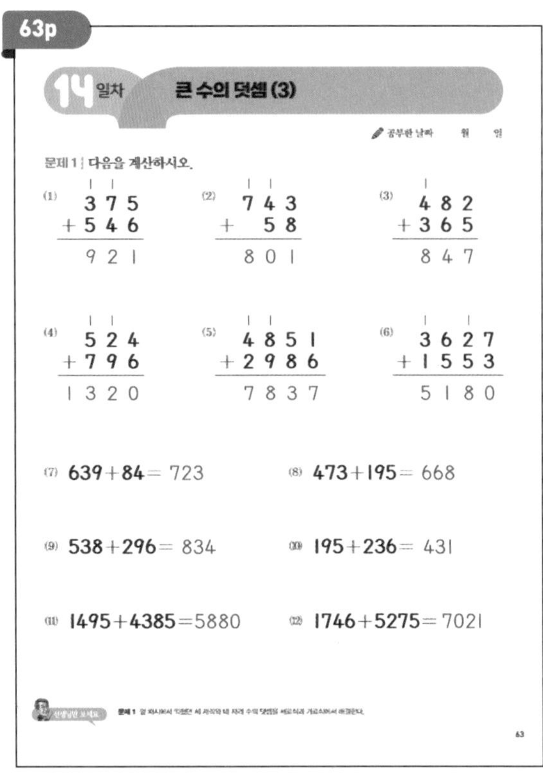

64p

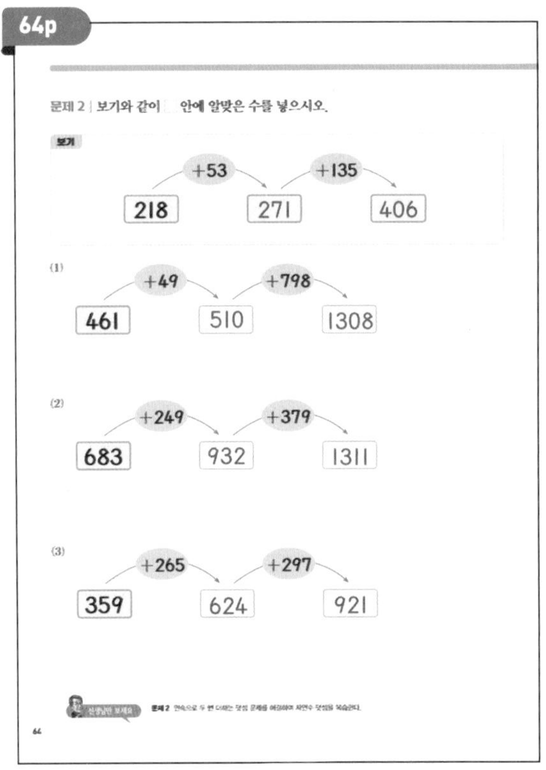

65p

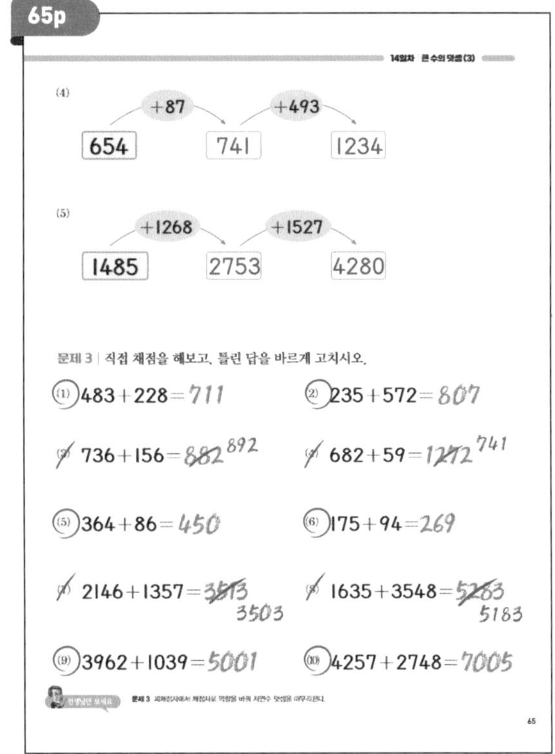

2 뺄셈의 완성

68p

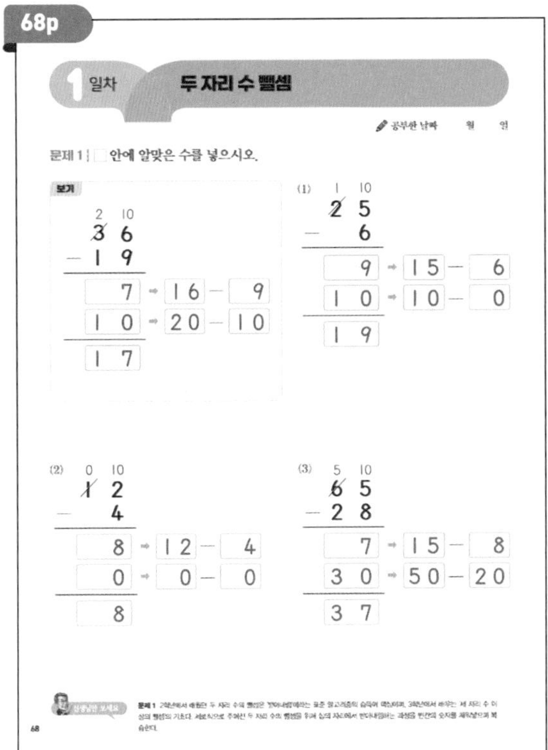

1일차 두 자리 수 뺄셈

공부한 날짜 월 일

문제 1 | □ 안에 알맞은 수를 넣으시오.

보기

36 − 19: 7 → 16 − 9, 10 → 20 − 10, 17

(1) 25 − 6: 9 → 15 − 6, 10 → 10 − 0, 19

(2) 12 − 4: 8 → 12 − 4, 0 → 0 − 0, 8

(3) 65 − 28: 7 → 15 − 8, 30 → 50 − 20, 37

69p

1일차 두 자리 수 뺄셈

(4) 84 − 57: 7 → 14 − 7, 20 → 70 − 50, 27

(5) 50 − 36: 4 → 10 − 6, 10 → 40 − 30, 14

(6) 43 − 15: 8 → 13 − 5, 20 → 30 − 10, 28

(7) 37 − 28: 9 → 17 − 8, 0 → 20 − 20, 9

(8) 90 − 48: 2 → 10 − 8, 40 → 80 − 40, 42

(9) 72 − 39: 3 → 12 − 9, 30 → 60 − 30, 33

69

70p

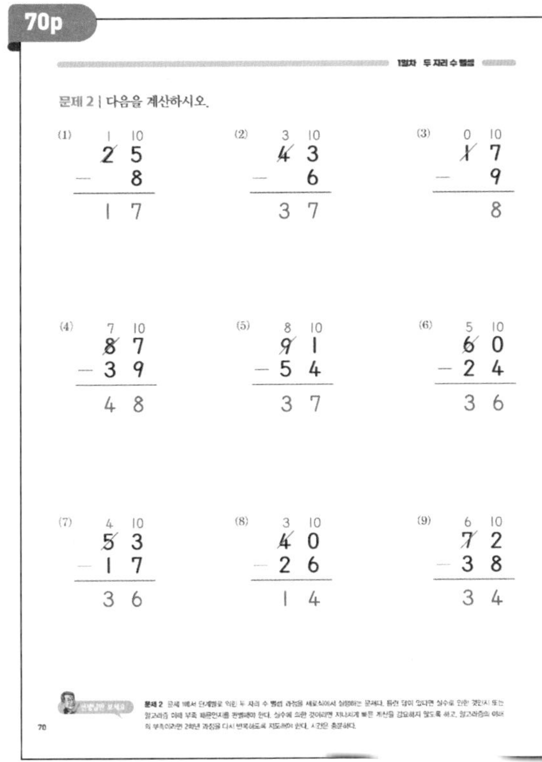

1일차 두 자리 수 뺄셈

문제 2 | 다음을 계산하시오.

(1) 25 − 8 = 17

(2) 43 − 6 = 37

(3) 17 − 9 = 8

(4) 87 − 39 = 48

(5) 91 − 54 = 37

(6) 60 − 24 = 36

(7) 53 − 17 = 36

(8) 40 − 26 = 14

(9) 72 − 38 = 34

71p

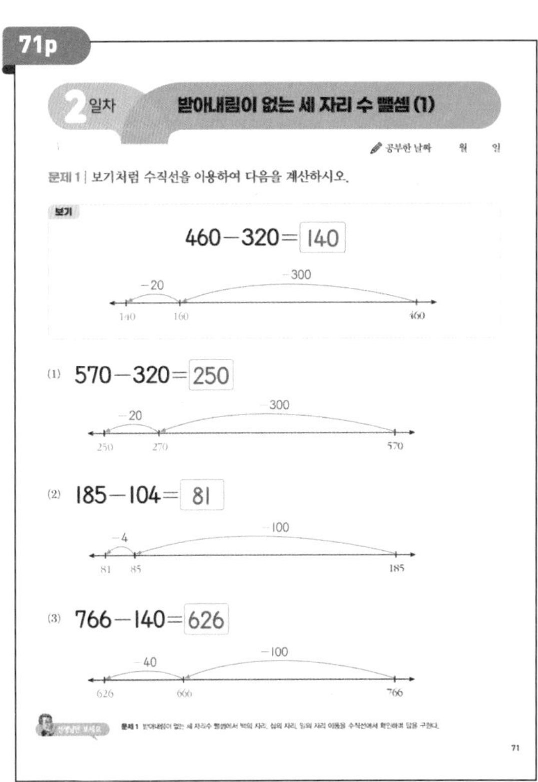

2일차 받아내림이 없는 세 자리 수 뺄셈 (1)

공부한 날짜 월 일

문제 1 | 보기처럼 수직선을 이용하여 다음을 계산하시오.

보기

460 − 320 = 140

(1) 570 − 320 = 250

(2) 185 − 104 = 81

(3) 766 − 140 = 626

71

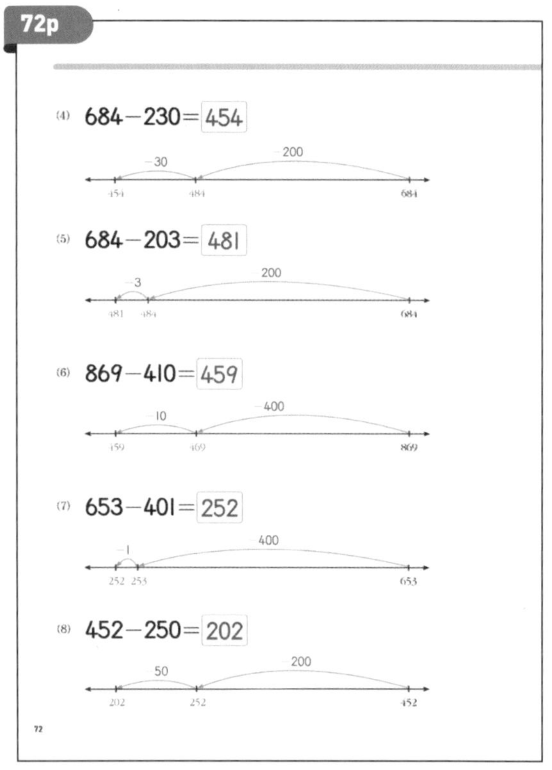
72p

(4) 684－230= 454

(5) 684－203= 481

(6) 869－410= 459

(7) 653－401= 252

(8) 452－250= 202

72

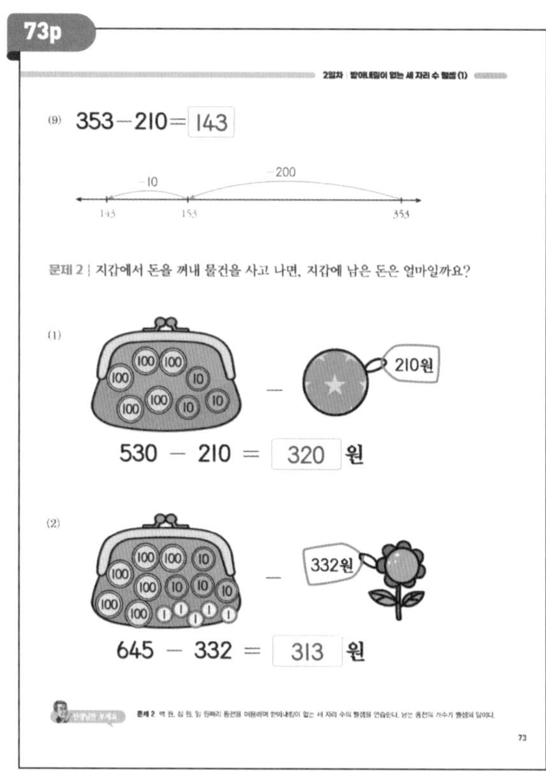
73p

2일차 : 받아내림이 없는 세 자리 수 뺄셈 (1)

(9) 353－210= 143

문제 2 | 지갑에서 돈을 꺼내 물건을 사고 나면, 지갑에 남은 돈은 얼마일까요?

(1)

530 － 210 = 320 원

(2)

645 － 332 = 313 원

73

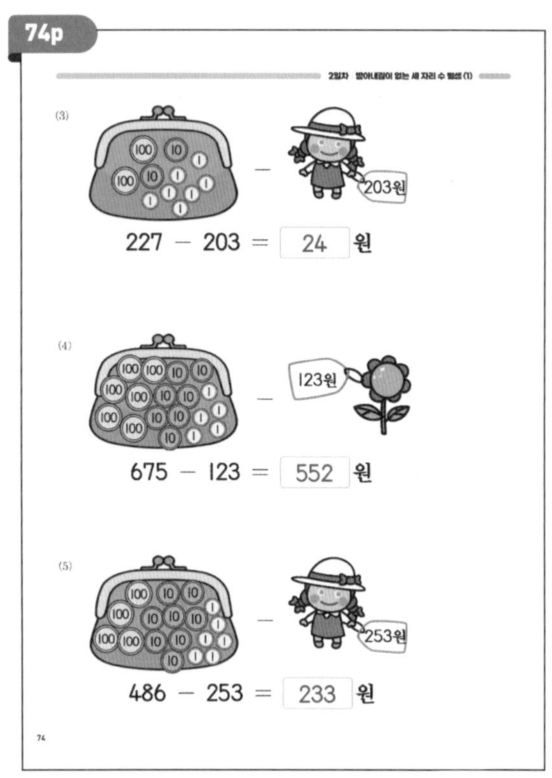
74p

2일차 : 받아내림이 없는 세 자리 수 뺄셈 (1)

(3)

227 － 203 = 24 원

(4)

675 － 123 = 552 원

(5)

486 － 253 = 233 원

74

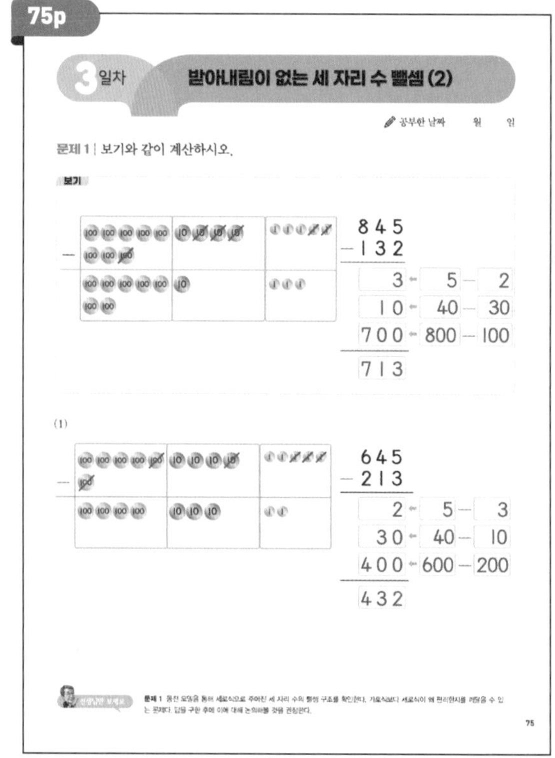
75p

3일차 받아내림이 없는 세 자리 수 뺄셈 (2)

공부한 날짜 월 일

문제 1 | 보기와 같이 계산하시오.

보기

845
－132

3 ← 5 － 2
10 ← 40 － 30
700 ← 800 － 100

713

(1)

645
－213

2 ← 5 － 3
30 ← 40 － 10
400 ← 600 － 200

432

75

76p

(2)

```
  568
− 462
  6 ← 8 − 2
  0 ← 60 − 60
100 ← 500 − 400
  106
```

(3)

```
  743
− 602
  1 ← 3 − 2
 40 ← 40 − 0
100 ← 700 − 600
  141
```

(4)

```
  835
− 321
  4 ← 5 − 1
 10 ← 30 − 20
500 ← 800 − 300
  514
```

76

77p

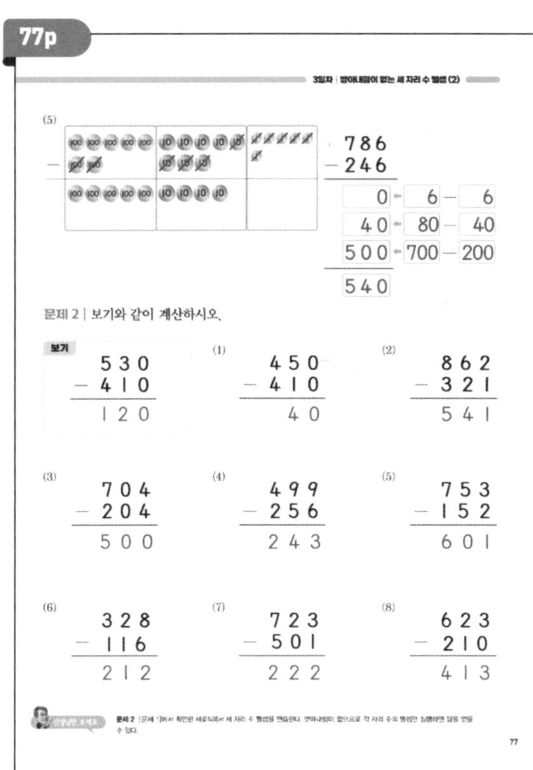

3일차 | 받아내림이 없는 세 자리 수 뺄셈 (2)

(5)

```
  786
− 246
  0 ← 6 − 6
 40 ← 80 − 40
500 ← 700 − 200
  540
```

문제 2 | 보기와 같이 계산하시오.

보기 530 − 410 = 120

(1) 450 − 410 = 40

(2) 862 − 321 = 541

(3) 704 − 204 = 500

(4) 499 − 256 = 243

(5) 753 − 152 = 601

(6) 328 − 116 = 212

(7) 723 − 501 = 222

(8) 623 − 210 = 413

77

78p

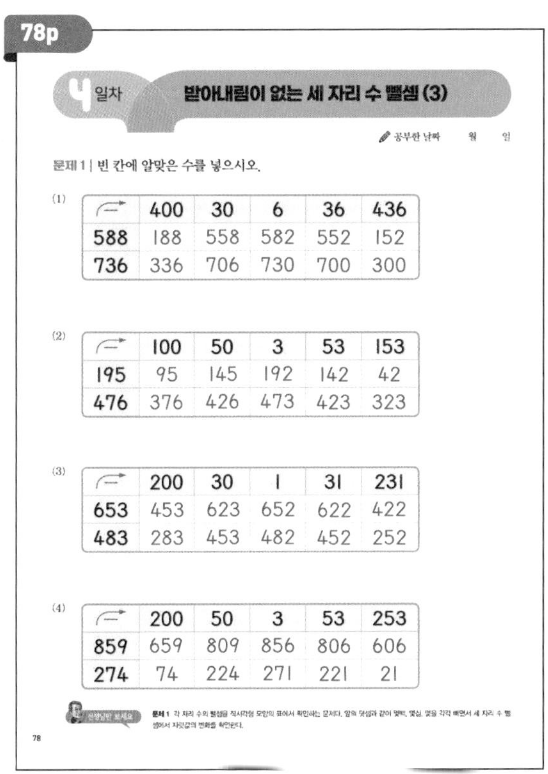

4일차 받아내림이 없는 세 자리 수 뺄셈 (3)

공부한 날짜 월 일

문제 1 | 빈 칸에 알맞은 수를 넣으시오.

(1)

−	400	30	6	36	436
588	188	558	582	552	152
736	336	706	730	700	300

(2)

−	100	50	3	53	153
195	95	145	192	142	42
476	376	426	473	423	323

(3)

−	200	30	1	31	231
653	453	623	652	622	422
483	283	453	482	452	252

(4)

−	200	50	3	53	253
859	659	809	856	806	606
274	74	224	271	221	21

78

79p

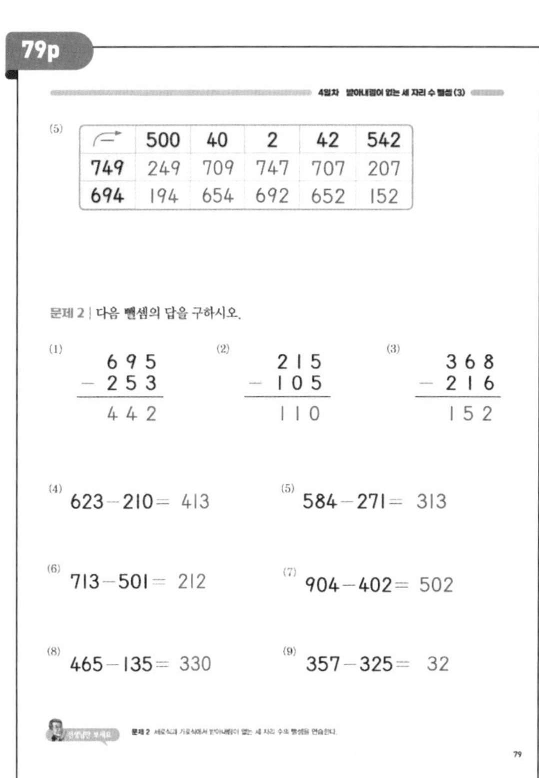

4일차 받아내림이 없는 세 자리 수 뺄셈 (3)

(5)

−	500	40	2	42	542
749	249	709	747	707	207
694	194	654	692	652	152

문제 2 | 다음 뺄셈의 답을 구하시오.

(1) 695 − 253 = 442

(2) 215 − 105 = 110

(3) 368 − 216 = 152

(4) 623 − 210 = 413

(5) 584 − 271 = 313

(6) 713 − 501 = 212

(7) 904 − 402 = 502

(8) 465 − 135 = 330

(9) 357 − 325 = 32

79

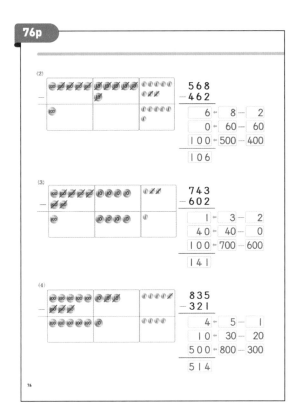

+ 정답 ÷

81p

5일차 십의 자리에서 받아내림이 있는 세 자리 수 뺄셈 (1)

공부한 날짜 월 일

문제 1 □ 안에 알맞은 수를 넣으시오.

보기

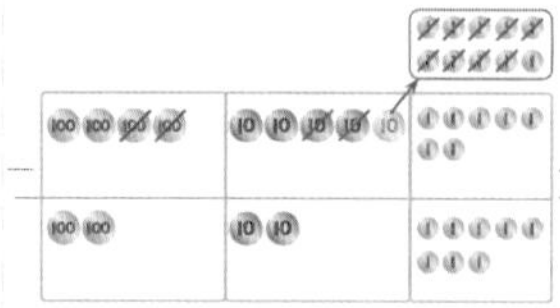

4 10
457 − 229

8 ← 17 − 9
20 ← 40 − 20
200 ← 400 − 200
228

(1)

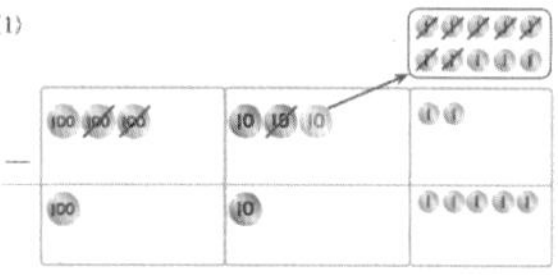

2 10
332 − 217

5 ← 12 − 7
10 ← 20 − 10
100 ← 300 − 200
115

82p

(2)

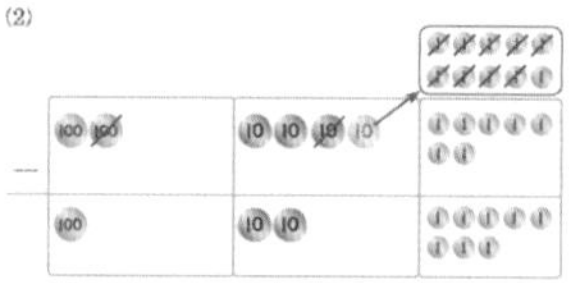

3 10
247 − 119

8 ← 17 − 9
20 ← 30 − 10
100 ← 200 − 100
128

(3)

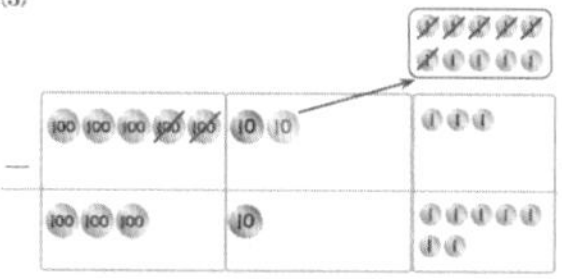

1 10
523 − 206

7 ← 13 − 6
10 ← 10 − 0
300 ← 500 − 200
317

83p

5일차 십의 자리에서 받아내림이 있는 세 자리 수 뺄셈 (1)

(4)

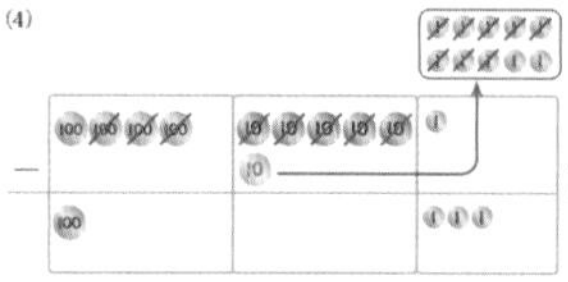

5 10
461 − 358

3 ← 11 − 8
0 ← 50 − 50
100 ← 400 − 300
103

(5)

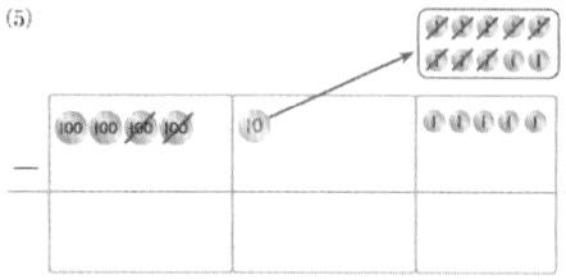

0 10
415 − 208

7 ← 15 − 8
0 ← 0 − 0
200 ← 400 − 200
207

84p

문제 2 □ 안에 알맞은 수를 넣으시오.

(1) 642 − 315

3 10
642 − 315

7 ← 12 − 5
20 ← 30 − 10
300 ← 600 − 300
327

(2) 754 − 436

4 10
754 − 436

8 ← 14 − 6
10 ← 40 − 30
300 ← 700 − 400
318

(3) 265 − 127

5 10
265 − 127

8 ← 15 − 7
30 ← 50 − 20
100 ← 200 − 100
138

(4) 487 − 419

7 10
487 − 419

8 ← 17 − 9
60 ← 70 − 10
0 ← 400 − 400
68

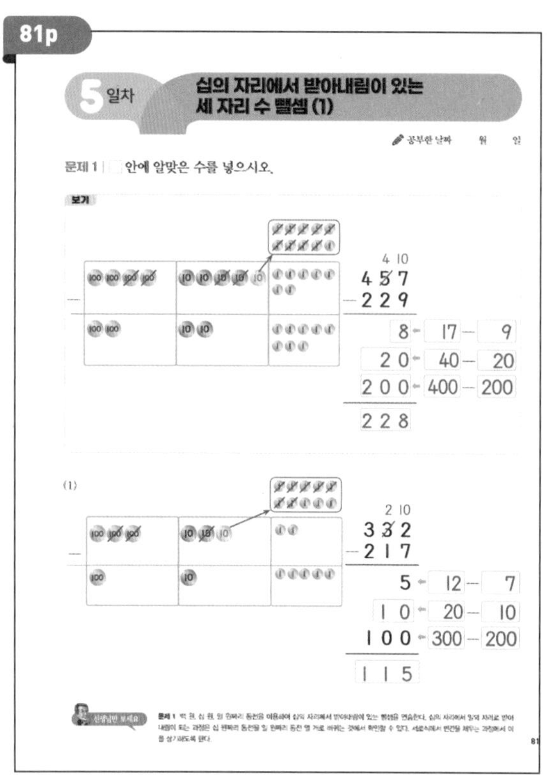

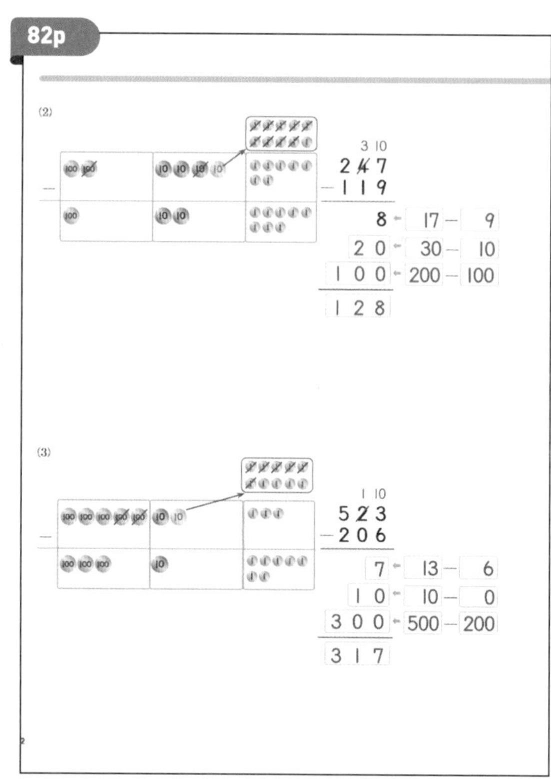

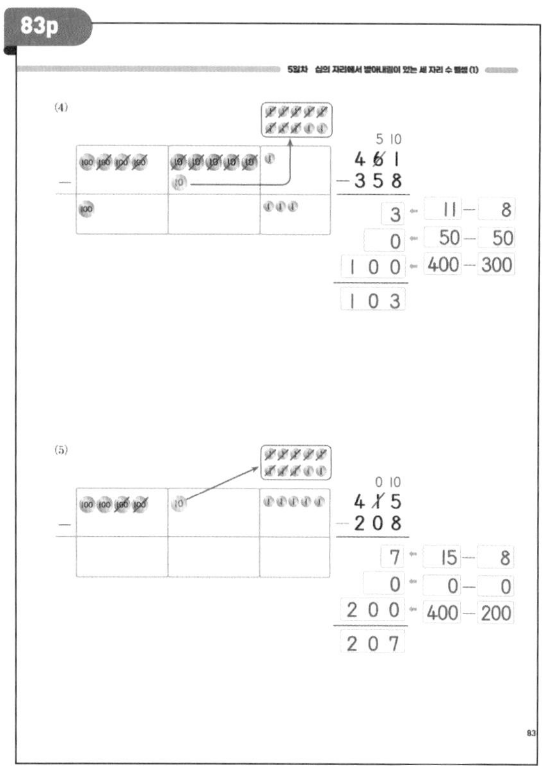

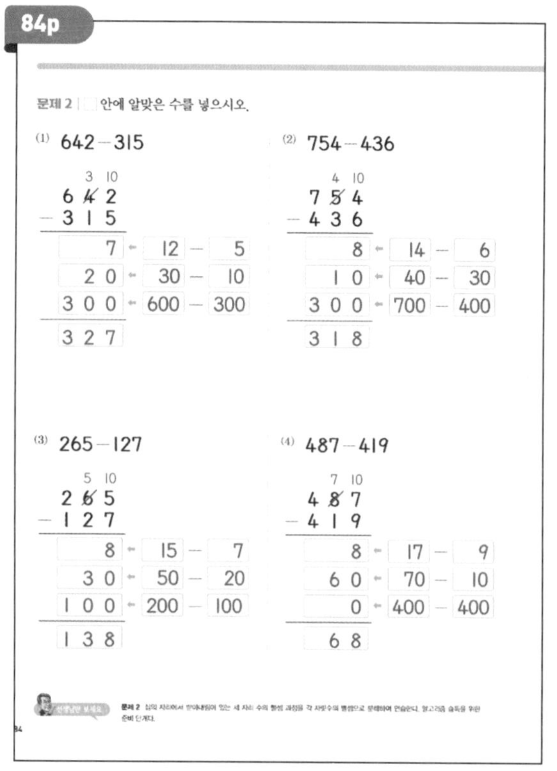

85p

(5) 593 − 368

```
    8 10
  5 9̸ 3
− 3 6 8
  ─────
      5 ← 13 − 8
    2 0 ← 80 − 60
  2 0 0 ← 500 − 300
  ─────
  2 2 5
```

(6) 176 − 127

```
    6 10
  1 7̸ 6
− 1 2 7
  ─────
      9 ← 16 − 7
    4 0 ← 60 − 20
      0 ← 100 − 100
  ─────
    4 9
```

(7) 831 − 514

```
    2 10
  8 3̸ 1
− 5 1 4
  ─────
      7 ← 11 − 4
    1 0 ← 20 − 10
  3 0 0 ← 800 − 500
  ─────
  3 1 7
```

(8) 318 − 209

```
    0 10
  3 1̸ 8
− 2 0 9
  ─────
      9 ← 18 − 9
      0 ← 0 − 0
  1 0 0 ← 300 − 200
  ─────
  1 0 9
```


86p

6일차 십의 자리에서 받아내림이 있는 세 자리 수 뺄셈 (2)

공부한 날짜 월 일

문제 1 | 보기와 같이 □ 안에 알맞은 수를 넣으시오.

보기

```
    2 10
  6 3̸ 4
− 4 1 8
  ─────
      6 ← 14 − 8              2 10
    1 0 ← 20 − 10           6 3̸ 4
  2 0 0 ← 600 − 400  ───→ − 4 1 8
  ─────                     ─────
  2 1 6                     2 1 6
```

(1)

```
    3 10
  5 4̸ 2
− 2 1 6
  ─────
      6 ← 12 − 6              3 10
    2 0 ← 30 − 10           5 4̸ 2
  3 0 0 ← 500 − 200  ───→ − 2 1 6
  ─────                     ─────
  3 2 6                     3 2 6
```

문제 1 십의 자리에서 받아내림이 있는 세 자리 수의 뺄셈에서 십의 자리와 일의 자리 위에 각각 변화하는 양을 어떻게 표기하는지를 익힌다. 알고리즘 완성의 마지막 단계다. 왼쪽에 있는 각 자리 수의 뺄셈을 먼저 하고 오른쪽 세로식의 빈칸을 채우도록 안내한다.

87p

(2)

```
    4 10
  8 5̸ 0
− 6 3 5
  ─────
      5 ← 10 − 5              4 10
    1 0 ← 40 − 30           8 5̸ 0
  2 0 0 ← 800 − 600  ───→ − 6 3 5
  ─────                     ─────
  2 1 5                     2 1 5
```

(3)

```
    6 10
  9 7̸ 5
− 3 4 8
  ─────
      7 ← 15 − 8              6 10
    2 0 ← 60 − 40           9 7̸ 5
  6 0 0 ← 900 − 300  ───→ − 3 4 8
  ─────                     ─────
  6 2 7                     6 2 7
```

(4)

```
    5 10
  4 6̸ 1
− 2 0 6
  ─────
      5 ← 11 − 6              5 10
    5 0 ← 50 − 0            4 6̸ 1
  2 0 0 ← 400 − 200  ───→ − 2 0 6
  ─────                     ─────
  2 5 5                     2 5 5
```


88p

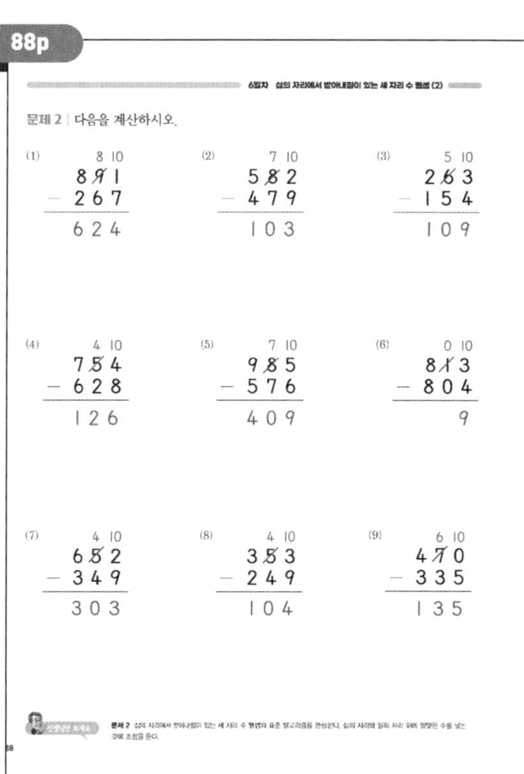

문제 2 | 다음을 계산하시오.

(1) 891 − 267 = 624 (8 10)

(2) 582 − 479 = 103 (7 10)

(3) 263 − 154 = 109 (5 10)

(4) 754 − 628 = 126 (4 10)

(5) 985 − 576 = 409 (7 10)

(6) 813 − 804 = 9 (0 10)

(7) 652 − 349 = 303 (4 10)

(8) 353 − 249 = 104 (4 10)

(9) 470 − 335 = 135 (6 10)

+ 정답 ÷

89p

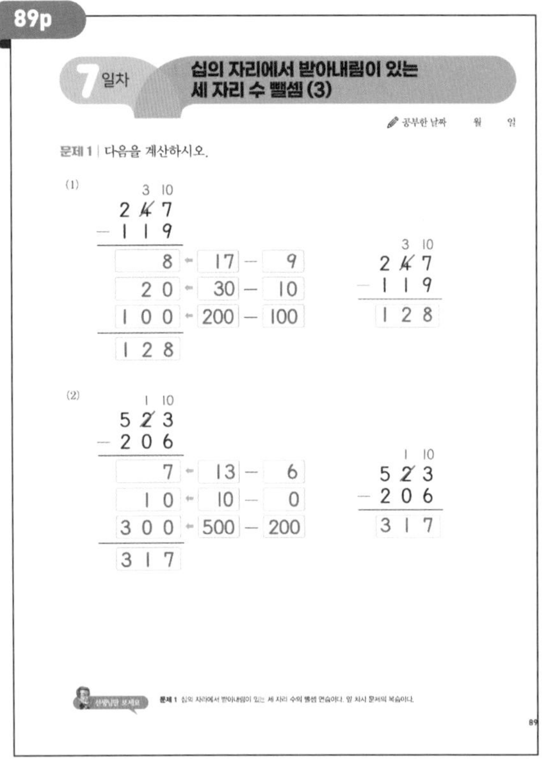

7일차 십의 자리에서 받아내림이 있는 세 자리 수 뺄셈 (3)

공부한 날짜 월 일

문제 1 | 다음을 계산하시오.

(1) 247 − 119 (받아내림: 3 10)

8 ← 17 − 9

20 ← 30 − 10

100 ← 200 − 100

128

247 − 119 = 128

(2) 523 − 206 (받아내림: 1 10)

7 ← 13 − 6

10 ← 10 − 0

300 ← 500 − 200

317

523 − 206 = 317

90p

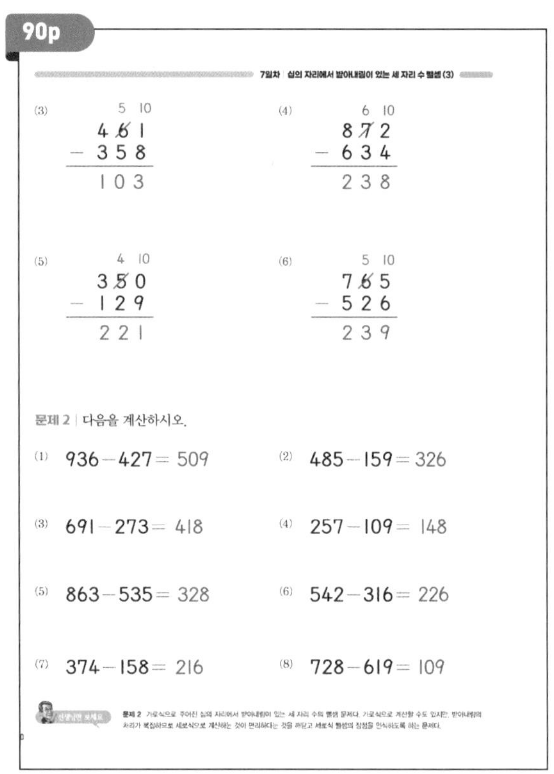

7일차 십의 자리에서 받아내림이 있는 세 자리 수 뺄셈 (3)

(3) 461 − 358 = 103 (받아내림: 5 10)

(4) 872 − 634 = 238 (받아내림: 6 10)

(5) 350 − 129 = 221 (받아내림: 4 10)

(6) 765 − 526 = 239 (받아내림: 5 10)

문제 2 | 다음을 계산하시오.

(1) 936 − 427 = 509

(2) 485 − 159 = 326

(3) 691 − 273 = 418

(4) 257 − 109 = 148

(5) 863 − 535 = 328

(6) 542 − 316 = 226

(7) 374 − 158 = 216

(8) 728 − 619 = 109

91p

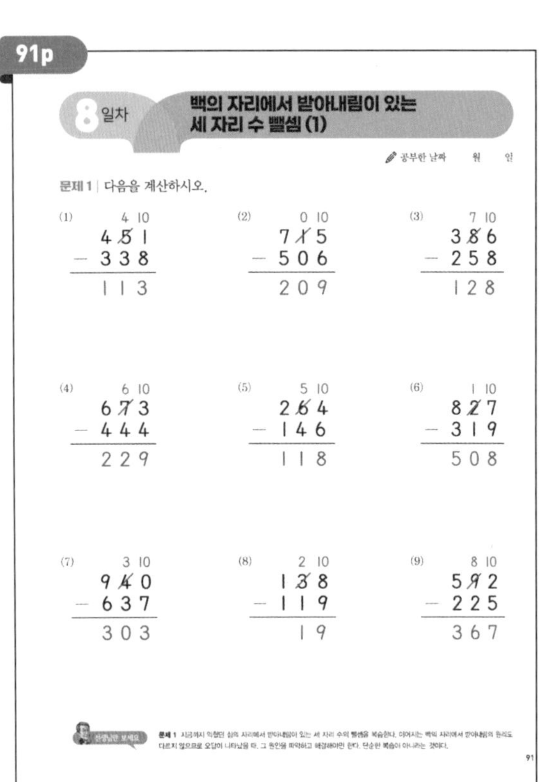

8일차 백의 자리에서 받아내림이 있는 세 자리 수 뺄셈 (1)

공부한 날짜 월 일

문제 1 | 다음을 계산하시오.

(1) 451 − 338 = 113 (받아내림: 4 10)

(2) 715 − 506 = 209 (받아내림: 0 10)

(3) 386 − 258 = 128 (받아내림: 7 10)

(4) 673 − 444 = 229 (받아내림: 6 10)

(5) 264 − 146 = 118 (받아내림: 5 10)

(6) 827 − 319 = 508 (받아내림: 1 10)

(7) 940 − 637 = 303 (받아내림: 3 10)

(8) 138 − 119 = 19 (받아내림: 2 10)

(9) 592 − 225 = 367 (받아내림: 8 10)

92p

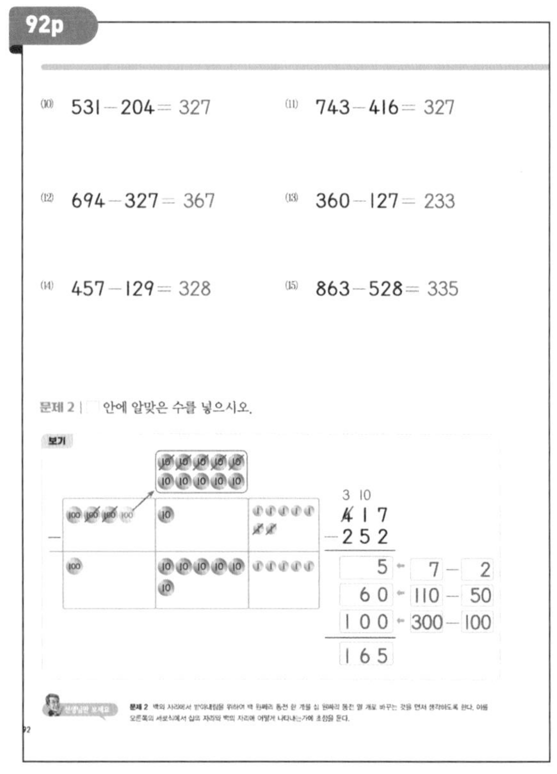

(10) 531 − 204 = 327

(11) 743 − 416 = 327

(12) 694 − 327 = 367

(13) 360 − 127 = 233

(14) 457 − 129 = 328

(15) 863 − 528 = 335

문제 2 | □ 안에 알맞은 수를 넣으시오.

보기

417 − 252 (받아내림: 3 10)

5 ← 7 − 2

60 ← 110 − 50

100 ← 300 − 100

165

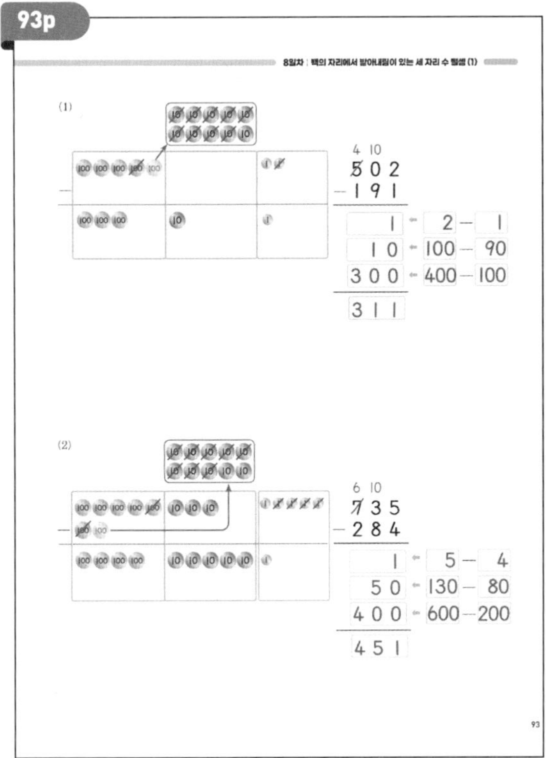

93p

8일차 | 백의 자리에서 받아내림이 있는 세 자리 수 뺄셈 (1)

(1)

4 10
502
− 191

1 ← 2 − 1
10 ← 100 − 90
300 ← 400 − 100
311

(2)

6 10
735
− 284

1 ← 5 − 4
50 ← 130 − 80
400 ← 600 − 200
451

93

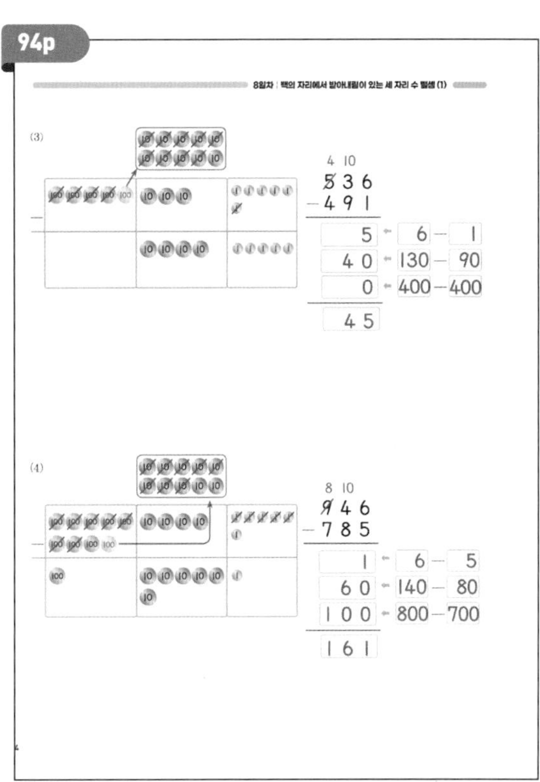

94p

8일차 | 백의 자리에서 받아내림이 있는 세 자리 수 뺄셈 (1)

(3)

4 10
536
− 491

5 ← 6 − 1
40 ← 130 − 90
0 ← 400 − 400
45

(4)

8 10
946
− 785

1 ← 6 − 5
60 ← 140 − 80
100 ← 800 − 700
161

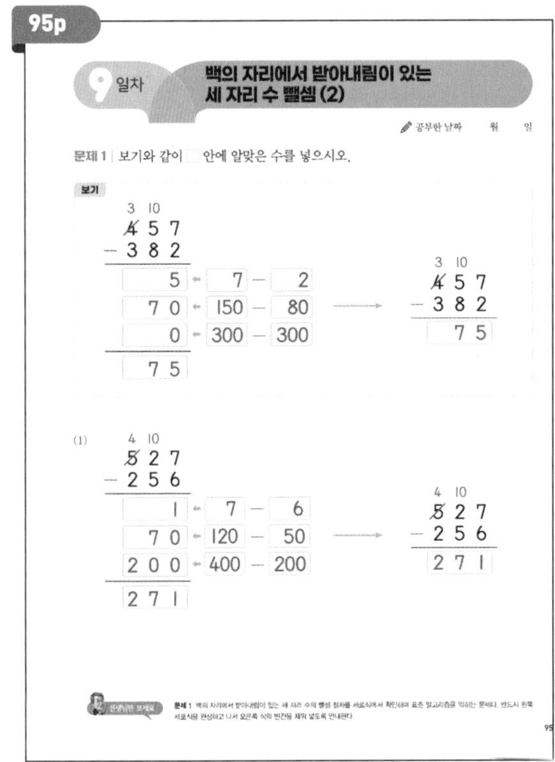

95p

9일차 백의 자리에서 받아내림이 있는 세 자리 수 뺄셈 (2)

공부한 날짜 월 일

문제 1 | 보기와 같이 □ 안에 알맞은 수를 넣으시오.

보기

3 10
457
− 382

5 ← 7 − 2
70 ← 150 − 80
0 ← 300 − 300
75

→ 457 − 382 = 75

(1)

4 10
527
− 256

1 ← 7 − 6
70 ← 120 − 50
200 ← 400 − 200
271

→ 527 − 256 = 271

95

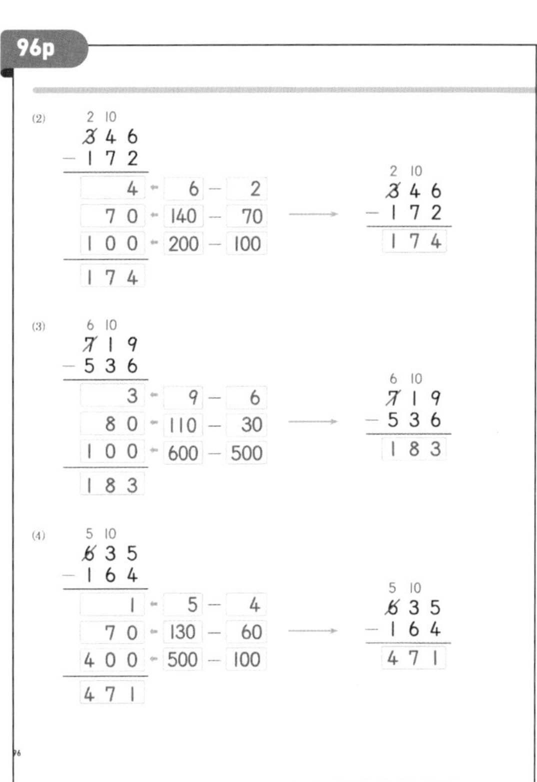

96p

(2)

2 10
346
− 172

4 ← 6 − 2
70 ← 140 − 70
100 ← 200 − 100
174

→ 346 − 172 = 174

(3)

6 10
719
− 536

3 ← 9 − 6
80 ← 110 − 30
100 ← 600 − 500
183

→ 719 − 536 = 183

(4)

5 10
635
− 164

1 ← 5 − 4
70 ← 130 − 60
400 ← 500 − 100
471

→ 635 − 164 = 471

96

+ 정답 ÷

97p

문제 2 | 다음을 계산하시오.

(1) $\begin{array}{r} 487 \\ -\ 392 \\ \hline 95 \end{array}$ (2) $\begin{array}{r} 608 \\ -\ 254 \\ \hline 354 \end{array}$ (3) $\begin{array}{r} 753 \\ -\ 461 \\ \hline 292 \end{array}$

(4) $\begin{array}{r} 943 \\ -\ 553 \\ \hline 390 \end{array}$ (5) $\begin{array}{r} 609 \\ -\ 112 \\ \hline 497 \end{array}$ (6) $\begin{array}{r} 863 \\ -\ 791 \\ \hline 72 \end{array}$

(7) $\begin{array}{r} 246 \\ -\ 176 \\ \hline 70 \end{array}$ (8) $\begin{array}{r} 523 \\ -\ 461 \\ \hline 62 \end{array}$ (9) $\begin{array}{r} 314 \\ -\ 281 \\ \hline 33 \end{array}$

선생님만 보세요 **문제 2** 백의 자리에서 받아내림이 있는 세 자리 수의 뺄셈에 대한 표준 알고리즘을 완성하는 문제다. 백의 자리와 십의 자리 숫자 위에 알맞은 수를 넣어 절차를 정확하게 따르는지 주의 깊게 지켜보아야 한다.

98p

10일차 백의 자리에서 받아내림이 있는 세 자리 수 뺄셈 (3)

공부한 날짜 월 일

문제 1 | 다음을 계산하시오.

(1) $\begin{array}{r} {\scriptstyle 2\ 10} \\ \cancel{3}\,6\,2 \\ -\ 1\,9\,0 \\ \hline 2 \\ 70 \\ 100 \\ \hline 172 \end{array}$ $\begin{array}{l} \leftarrow 2-0 \\ \leftarrow 160-90 \\ \leftarrow 200-100 \end{array}$ $\longrightarrow$ $\begin{array}{r} {\scriptstyle 2\ 10} \\ \cancel{3}\,6\,2 \\ -\ 1\,9\,0 \\ \hline 1\,7\,2 \end{array}$

(2) $\begin{array}{r} {\scriptstyle 6\ 10} \\ \cancel{7}\,0\,4 \\ -\ 4\,3\,2 \\ \hline 2 \\ 70 \\ 200 \\ \hline 272 \end{array}$ $\begin{array}{l} \leftarrow 4-2 \\ \leftarrow 100-30 \\ \leftarrow 600-400 \end{array}$ $\longrightarrow$ $\begin{array}{r} {\scriptstyle 6\ 10} \\ \cancel{7}\,0\,4 \\ -\ 4\,3\,2 \\ \hline 2\,7\,2 \end{array}$

선생님만 보세요 **문제 1** 앞 차시에서 익혔던 백의 자리에서 받아내림이 있는 뺄셈의 복습이다.

99p

(3) $\begin{array}{r} {\scriptstyle 8\ 10} \\ \cancel{9}\,5\,6 \\ -\ 6\,8\,1 \\ \hline 2\,7\,5 \end{array}$ (4) $\begin{array}{r} {\scriptstyle 7\ 10} \\ \cancel{8}\,3\,9 \\ -\ 5\,7\,6 \\ \hline 2\,6\,3 \end{array}$

(5) $\begin{array}{r} {\scriptstyle 5\ 10} \\ \cancel{6}\,3\,4 \\ -\ 2\,7\,4 \\ \hline 3\,6\,0 \end{array}$ (6) $\begin{array}{r} {\scriptstyle 3\ 10} \\ \cancel{4}\,0\,5 \\ -\ 1\,3\,4 \\ \hline 2\,7\,1 \end{array}$

문제 2 | 다음을 계산하시오.

(1) 627 − 531 = 96 (2) 349 − 258 = 91

(3) 876 − 596 = 280 (4) 545 − 455 = 90

(5) 923 − 750 = 173 (6) 107 − 56 = 51

(7) 282 − 91 = 191 (8) 738 − 342 = 396

선생님만 보세요 **문제 2** 가로식으로 주어진 뺄셈이지만, 세로식으로 바꿔 계산하도록 유도한다.

100p

11일차 백과 십의 자리에서 받아내림이 있는 세 자리 수 뺄셈 (1)

공부한 날짜 월 일

문제 1 | 다음을 계산하시오.

(1) $\begin{array}{r} {\scriptstyle 6\ 10} \\ \cancel{7}\,1\,4 \\ -\ 3\,2\,0 \\ \hline 3\,9\,4 \end{array}$ (2) $\begin{array}{r} {\scriptstyle 2\ 10} \\ \cancel{3}\,6\,7 \\ -\ 1\,9\,4 \\ \hline 1\,7\,3 \end{array}$ (3) $\begin{array}{r} {\scriptstyle 10} \\ \cancel{1}\,4\,3 \\ -\ 8\,2 \\ \hline 6\,1 \end{array}$

(4) $\begin{array}{r} {\scriptstyle 1\ 10} \\ \cancel{2}\,7\,8 \\ -\ 1\,8\,6 \\ \hline 9\,2 \end{array}$ (5) $\begin{array}{r} {\scriptstyle 5\ 10} \\ \cancel{6}\,2\,7 \\ -\ 3\,7\,3 \\ \hline 2\,5\,4 \end{array}$ (6) $\begin{array}{r} {\scriptstyle 7\ 10} \\ \cancel{8}\,3\,5 \\ -\ 6\,5\,4 \\ \hline 1\,8\,1 \end{array}$

(7) $\begin{array}{r} {\scriptstyle 8\ 10} \\ \cancel{9}\,3\,5 \\ -\ 6\,6\,0 \\ \hline 2\,7\,5 \end{array}$ (8) $\begin{array}{r} {\scriptstyle 4\ 10} \\ \cancel{5}\,0\,1 \\ -\ 2\,1\,1 \\ \hline 2\,9\,0 \end{array}$ (9) $\begin{array}{r} {\scriptstyle 3\ 10} \\ \cancel{4}\,5\,6 \\ -\ 2\,6\,1 \\ \hline 1\,9\,5 \end{array}$

선생님만 보세요 **문제 1** 앞 차시에서 익혔던 백의 자리에서 받아내림이 있는 세 자리 수의 뺄셈을 복습한다.

101p

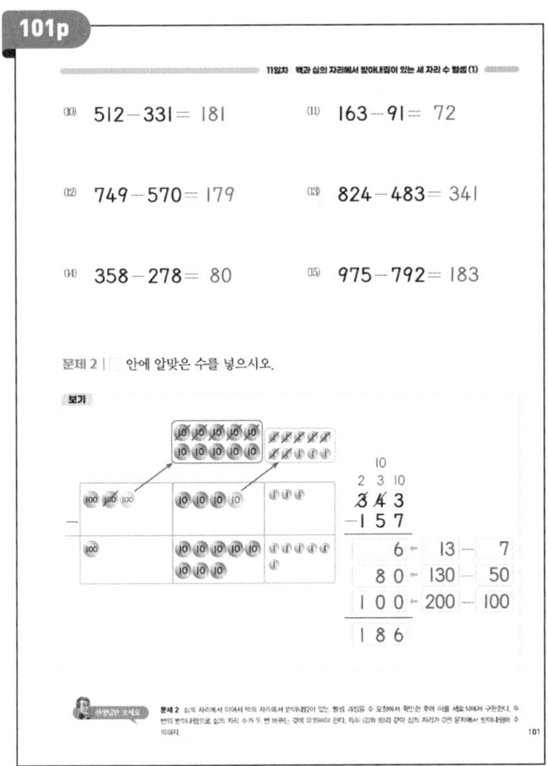

102p

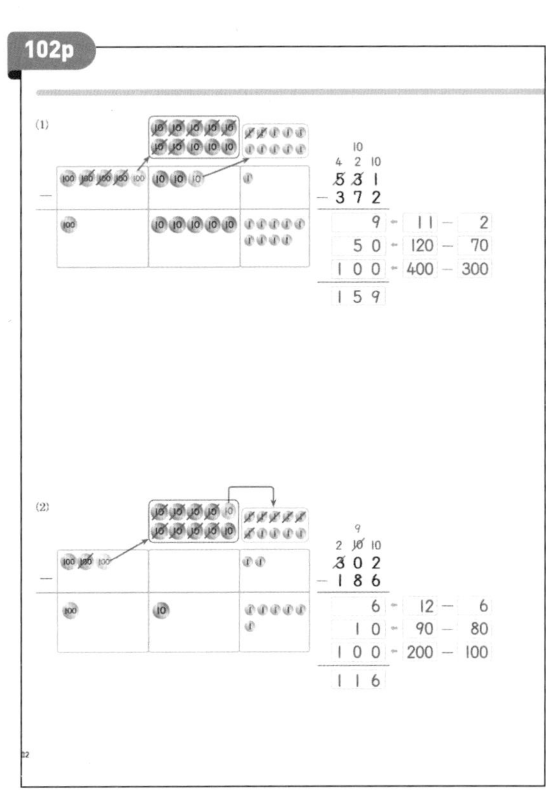

103p

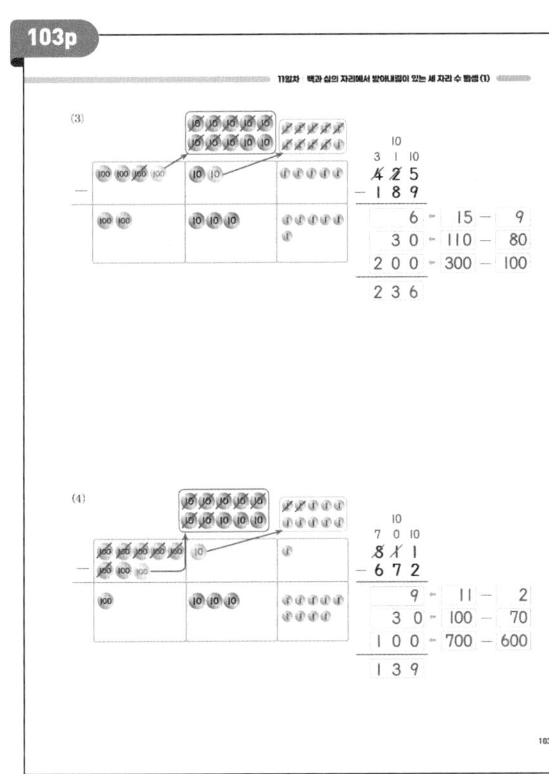

104p

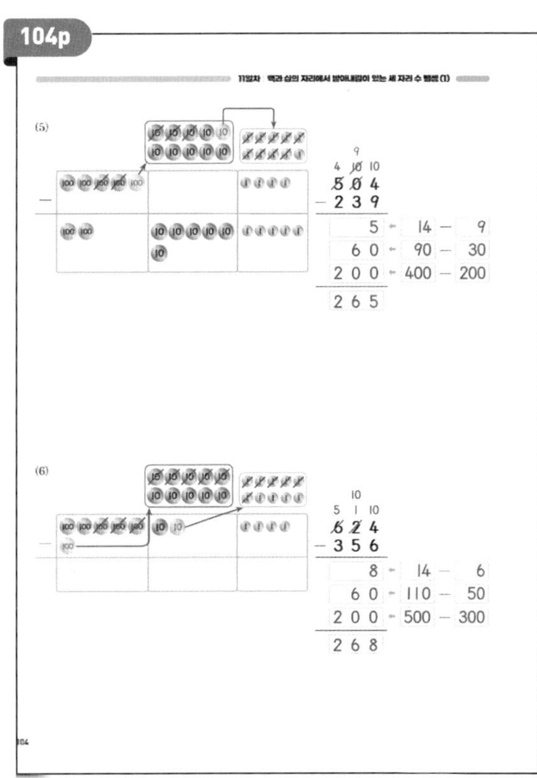

정답

105p

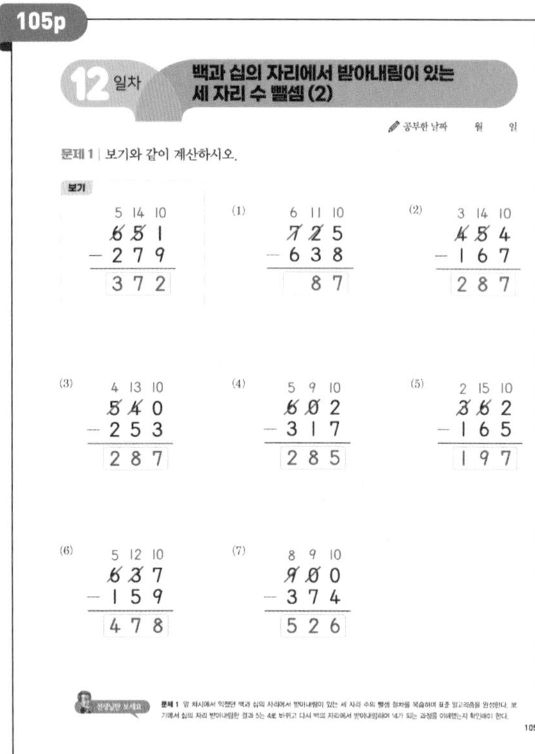
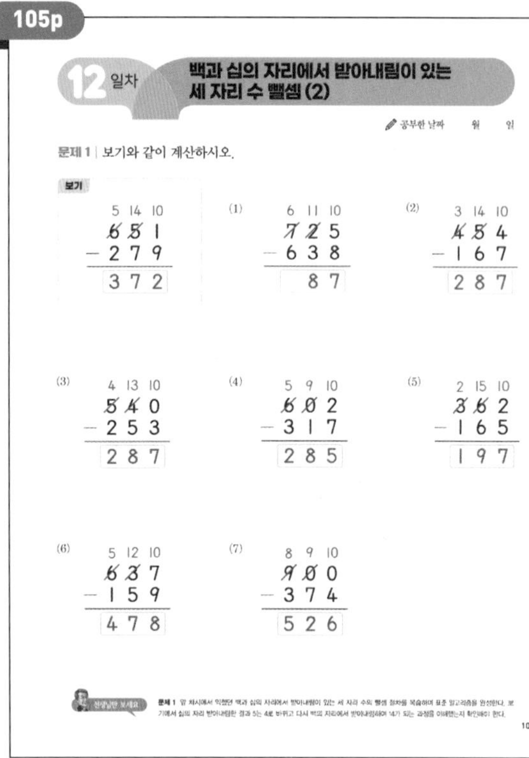

12일차 백과 십의 자리에서 받아내림이 있는 세 자리 수 뺄셈 (2)

공부한 날짜 월 일

문제 1 | 보기와 같이 계산하시오.

보기: 651 − 279 = 372

(1) 725 − 638 = 87
(2) 454 − 167 = 287
(3) 540 − 253 = 287
(4) 602 − 317 = 285
(5) 362 − 165 = 197
(6) 637 − 159 = 478
(7) 900 − 374 = 526

106p

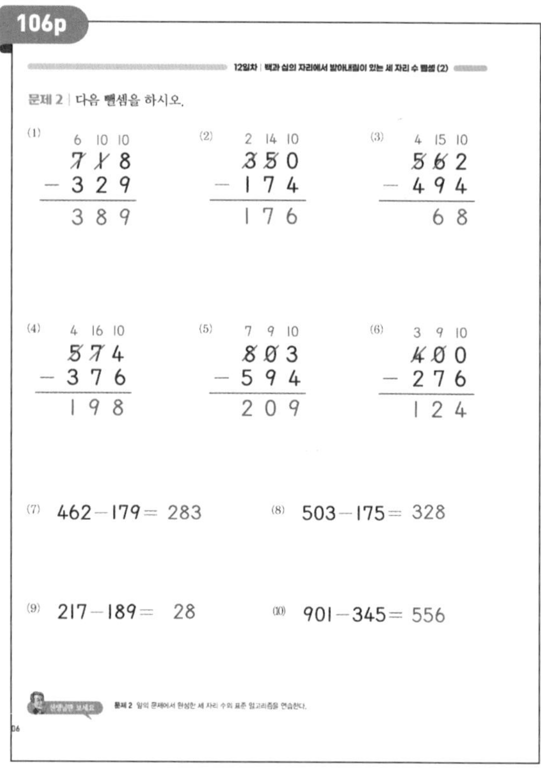

12일차 | 백과 십의 자리에서 받아내림이 있는 세 자리 수 뺄셈 (2)

문제 2 | 다음 뺄셈을 하시오.

(1) 718 − 329 = 389
(2) 350 − 174 = 176
(3) 562 − 494 = 68
(4) 574 − 376 = 198
(5) 803 − 594 = 209
(6) 400 − 276 = 124
(7) 462 − 179 = 283
(8) 503 − 175 = 328
(9) 217 − 189 = 28
(10) 901 − 345 = 556

107p

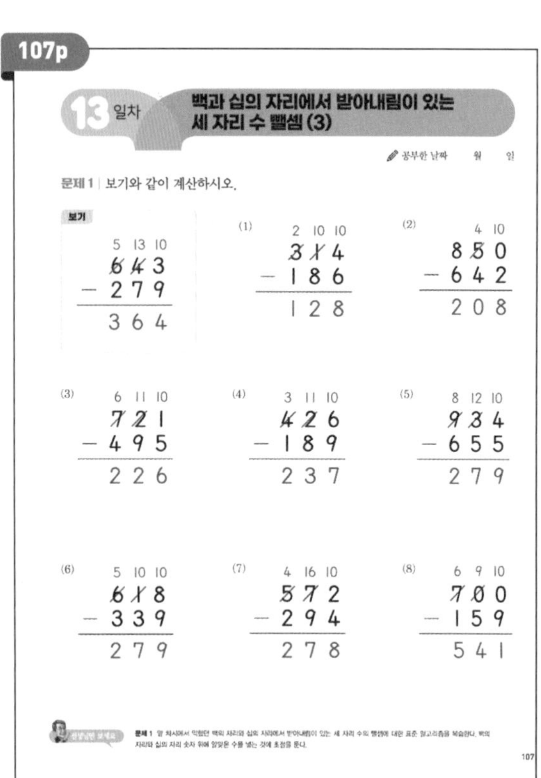

13일차 백과 십의 자리에서 받아내림이 있는 세 자리 수 뺄셈 (3)

공부한 날짜 월 일

문제 1 | 보기와 같이 계산하시오.

보기: 643 − 279 = 364

(1) 314 − 186 = 128
(2) 850 − 642 = 208
(3) 721 − 495 = 226
(4) 426 − 189 = 237
(5) 934 − 655 = 279
(6) 618 − 339 = 279
(7) 572 − 294 = 278
(8) 700 − 159 = 541

108p

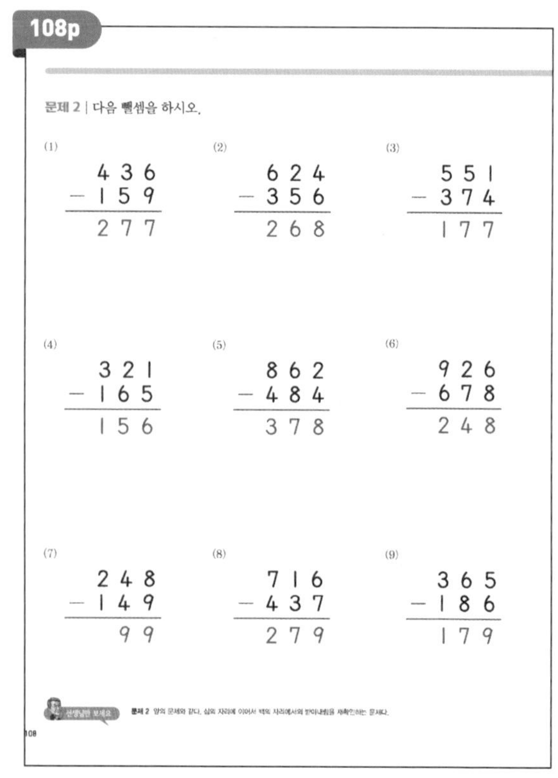

문제 2 | 다음 뺄셈을 하시오.

(1) 436 − 159 = 277
(2) 624 − 356 = 268
(3) 551 − 374 = 177
(4) 321 − 165 = 156
(5) 862 − 484 = 378
(6) 926 − 678 = 248
(7) 248 − 149 = 99
(8) 716 − 437 = 279
(9) 365 − 186 = 179

109p

(10) 454 − 386 = 68

(11) 335 − 156 = 179

(12) 817 − 548 = 269

(13) 732 − 557 = 175

(14) 501 − 194 = 307

(15) 235 − 178 = 57

(16) 800 − 535 = 265

(17) 904 − 457 = 447

(18) 700 − 122 = 578

110p

14일차 백과 십의 자리에서 받아내림이 있는 세 자리 수 뺄셈 (4)

공부한 날짜 월 일

문제 1 | 다음을 계산하시오.

(1) 357 − 128 = 229

(2) 600 − 245 = 355

(3) 748 − 249 = 499

(4) 406 − 189 = 217

(5) 962 − 478 = 484

(6) 271 − 83 = 188

선생님만 보세요

문제 1 앞 차시에서 익혔던 백의 자리와 십의 자리에서 받아내림이 있는 세 자리 수의 뺄셈에 대한 표준 알고리즘을 복습한다. 백의 자리와 십의 자리 숫자 위에 알맞은 수를 넣는 것에 초점을 둔다.

111p

(7) 824 − 359 = 465

(8) 630 − 246 = 384

(9) 543 − 57 = 486

(10) 400 − 286 = 114

(11) 728 − 629 = 99

(12) 304 − 296 = 8

문제 2 | □ 안에 알맞은 수를 넣으시오.

(1) 336 − 150 = 186

(2) 684 − 185 = 499

(3) 684 − 496 = 188

선생님만 보세요

문제 2 세 자리 수의 뺄셈 문제이지만 새로운 유형이다. 단순 계산이 아니라 뺄셈 알고리즘을 얼마나 정확하게 파악하고 있는지 확인할 수 있는 문제다. 이때 뺄셈이 덧셈의 역이라는 것을 직관적으로 이해할 수 있어야 한다. 예를 들어 (1)번 문제의 십의 자리 뺄셈 3−□=8은 실제로 13−□=8이라는 것을 8+□=13이라는 덧셈으로 파악해야 한다.

112p

(4) 400 − 257 = 143

(5) 426 − 278 = 148

(6) 872 − 687 = 185

(7) 713 − 234 = 479

(8) 823 − 547 = 276

(9) 732 − 363 = 369

(10) 307 − 188 = 119

(11) 367 − 188 = 179

(12) 658 − 459 = 199

(13) 204 − 169 = 35

(14) 244 − 166 = 78

(15) 931 − 292 = 639

+ 정답 ÷

113p

15일차 세 자리수의 덧셈과 뺄셈

공부한 날짜 월 일

문제 1 | 직접 채점하고, 틀린 답을 바르게 고치시오.

(1) 225 + 188 = 313 → 413

(2) 429 + 237 = 666

(3) 543 + 377 = 921 → 920

(4) 492 + 455 = 847 → 947

(5) 365 + 299 = 664

(6) 853 + 146 = 909 → 999

(7) 842 − 349 = 493

(8) 648 − 358 = 210 → 290

(9) 904 − 157 = 757 → 747

114p

(10) 703 − 289 = 414

(11) 284 − 195 = 111 → 89

(12) 573 − 479 = 54 → 94

문제 2 | 다음 문제를 읽고 알맞은 식과 답을 넣으시오.

(1) 윤서는 책 628권을 가지고 있습니다. 주아가 윤서에게 594권을 더 주었을 때 윤서가 가지고 있는 책은 모두 몇 권인가요?

식: 628+594=1222 답: 1222 권

(2) 운동회에서 청군이 백군보다 285점 더 많이 얻었습니다. 백군이 696점을 얻었다면 청군은 몇 점을 얻었을까요?

식: 696+285=981 답: 981 점

115p

(3) 진욱이는 412장의 메모지를 가지고 있습니다. 강민이는 진욱이보다 169장 더 적게 가지고 있습니다. 강민이는 몇 장을 가지고 있을까요?

식: 412−169=243 답: 243 장

(4) 축구장에 남자와 여자 합쳐서 모두 837명이 입장했습니다. 여자가 395명이었다면 남자는 몇 명인가요?

식: 837−395=442 답: 442 명

(5) 수미가 집에서 문구점에 들렀다가 학교까지 가는 거리는 모두 몇 m인가요?

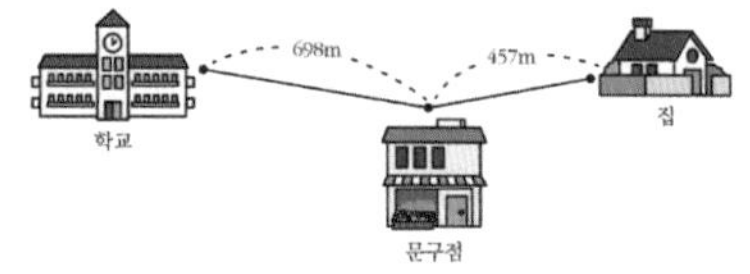

식: 457+698=1155 답: 1155 m

116p

(6) 단추를 혜정이는 432개, 주아는 280개를 가지고 있습니다. 주아가 혜정이와 같은 개수의 단추를 가지려면 몇 개가 더 필요하나요?

식: 432−280=152 답: 152 개

(7) 3일 동안 아이스크림을 모두 몇 개 팔았나요?

	판매한 아이스크림 개수
첫째 날	149개
둘째 날	153개
셋째 날	209개

식: 149+153+209=511 답: 511 개

(8) 빈칸에 들어갈 수를 구하시오.

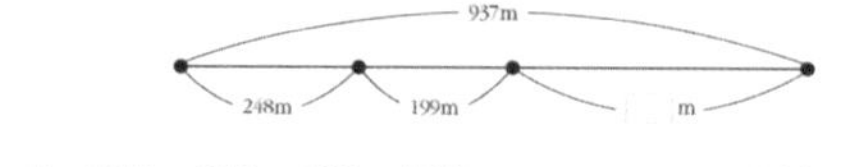

식: 937−248−199=490 답: 490 m

『박영훈의 생각하는 초등연산』 시리즈 구성

계산만 하지 말고 왜 그런지 생각해!

아이들을 싸구려 계산기로 만들지 마라! 연산은 '계산'이 아니라 '생각'하는 것이다!

인지 학습 심리학 관점에서 연산의 개념과 원리를 스스로 깨우치도록 정교하게 설계된, 게임처럼 흥미진진한 초등연산!

1권 | 덧셈과 뺄셈의 기초 I (1학년 1학기)

2권 | 덧셈과 뺄셈의 기초 II (1학년 2학기)

3권 | 두 자리 수의 덧셈과 뺄셈(2학년)

4권 | 곱셈 기초와 곱셈구구(2학년)

5권 | 덧셈과 뺄셈의 완성(3학년 1학기)

6권 | 나눗셈 기초와 두 자리 수 곱셈(3학년 1학기)

7권 | 두 자리 수 곱셈과 나눗셈(3학년 2학기)

8권 | 곱셈/나눗셈의 완성과 혼합계산(4, 5학년)

유아부터 어른까지, 교과서부터 인문교양서까지
박영훈의 느린수학 시리즈!

초등수학, 우습게 보지 마!

잘못 배운 어른들을 위한, 초등수학을 보는 새로운 관점!

만약 당신이 학부모라면, 만약 당신이 교사라면 수학교육의 본질은 무엇인지에 대한 관점과, 아이들을 가르치는 데 꼭 필요한 실용적인 내용을 발견할 수 있을 겁니다.

초등수학과 중학수학, 그 사이에 있는, 예비 중학생을 위한 책!

이미 알고 있는 초등수학의 개념에서 출발해 중학수학으로까지 개념을 연결하고 확장한다!

중학수학을 잘하려면 초등수학 개념의 완성이 먼저다! 선행 전에 꼭 읽어야 할 책!

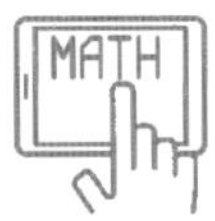

무엇이든 물어보세요!

박영훈 선생님께 질문이 있다면 메일을 보내주세요.

slowmathpark@gmail.com

박영훈의 느린수학 시리즈 출간 소식이 궁금하다면,
slowmathpark@gmail.com로
이름/연락처를 보내주세요.

연락처를 보내주신 분들은 문자 또는 SNS,
이메일을 통한 소식받기에 동의한 것으로 간주하며,
<박영훈의 느린 수학>의 새로운 소식을 보내드립니다!